青少年

随手可做的科技模型

沙金泰 / 编著

吉林出版集团有限责任公司

图书在版编目(CIP)数据

青少年随手可做的科技模型 / 沙金泰编著. —长春：吉林出版
集团有限责任公司, 2015.12（2021.5重印）

（青少年科普丛书）

ISBN 978-7-5534-9395-4-01

Ⅰ.①青…　Ⅱ.①沙…　Ⅲ.①科学技术—模型—制作—青
少年读物　Ⅳ.①N49

中国版本图书馆CIP数据核字(2015)第285216号

青少年随手可做的科技模型
QINGSHAONIAN SUISHOUKEZUO DE KEJI MOXING

作　　者／沙金泰

责任编辑／马　刚

开　　本／710mm×1000mm　1/16

印　　张／10

字　　数／150千字

版　　次／2015年12月第1版

印　　次／2021年5月第2次

出　　版／吉林出版集团股份有限公司（长春市净月区福祉大路5788号龙腾国际A座）

发　　行／吉林音像出版社有限责任公司

地　　址／长春市净月区福祉大路5788号龙腾国际A座13楼　　邮编：130117

印　　刷／三河市华晨印务有限公司

ISBN 978-7-5534-9395-4-01　　定价／39.80元

C

ONTENTS

目录

C

ONTENTS

目录

发报机模型

　　电报是最早使用电进行通信方法。它是利用电流（有线）或电磁波（无线）做载体，通过编码和相应的电处理技术实现人类远距离传输与交换信息的通信方法。但在现代通信迅猛发展的今天，电报即将退出历史舞台。

准　备

　　三合板（8厘米×6厘米）、电池盒、电池、讯响器或其他电流发声器、发光二极管或小电珠、铜片或薄铁片（4厘米×1厘米）、金属螺丝或图钉、细导线、剪子、锥子、锯

制作过程

　　①在三合板上画出底座木板，并锯下。

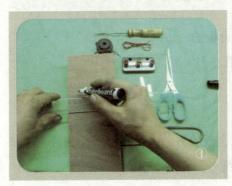
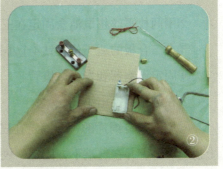

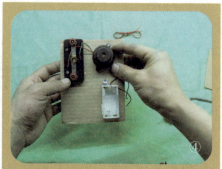

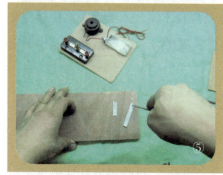

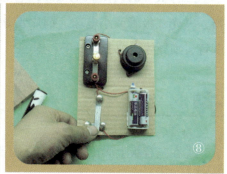

②用两枚螺丝将电池盒固定在三合板的一边。

③在三合板的适当位置钻4个小孔。

④固定讯响器和发光二极管。

⑤在铜片上钻出小孔。

⑥用螺丝将铜片的一端固定在三合板的另一边，再将铜片的另一端向上扳起一些，并在这端下方固定一枚螺丝，作为电键。

⑦用细导线在三合板背面依次将电池盒、讯响器、二极管和电键连接起来（注意正负极），发报机就做好了。

⑧装上电池，按动电键，就能看到二极管一闪一闪的，并能听到"嘀嘀嗒嗒"的电报声。

 **柯博士告诉你**

电报机的原理是在发射设备的载波控制上利用"开关"（电报的电键）来控制载波输出的长短和数量，还有输出的间隔时间的，这样在某个"单位时间里"就可以输出一组开关信号。习惯上把短信号称为"嘀"，把长信号称为"嗒"，像这样由若干个"嘀嗒"组成的信号称为"电码"，发一个短信号的"嘀"需要0.1秒，发一个长信号"嗒"需要0.3秒。

再由规定的电码组成"电文"，由载波向空中发射，接收方用接收机接收后，再将这些组合起来的"点"和"划"译成字母、数字或文字。就完成了电报的发送和接收。理论上，电报从发射到接收和电的传播速度是一样的。

这里的发报机是仿照电报机的原理制作的，按下电键，电流接通，电流使讯响器发声，并使二极管因接通电流而发光。

相关链接

◎ **早期的发报机**

18世纪30年代，由于铁路迅速发展，迫切需要一种不受天气影响、没有时间限制又比火车跑得快的通信工具。此时，发明电报的基本技术条件（电池、铜线、电磁感应器）也已具备。1837年，英国库克和惠斯通设计制造了第

一个有线电报，且不断加以改进，发报速度也不断提高。这种电报很快在铁路通信中获得了应用，他们电报系统的特点是电文直接指向字母。

这种电报机的工作原理和现在的电报机既相似又不完全相似。这种电报机的发报机把制成凹凸不平的字母板排列起来拼成文章，然后让字母板慢慢活动，触动开关后断断续续发出信号；收报机把不连续的电流通过电磁铁，将牵动摆尖左右摆动的前端与铅笔连接，在移动的纸带上画出波状的线条，经译码之后还原成电文。

◎ 不务"正业"的发明

美国人莫尔斯是一位画家，凭借着他丰富的想象力和不屈不挠的奋斗精神，实现了一项和绘画毫不相干的重大发明，因而获得了在世界发明史上的一席之地。

在他41岁那年，在他从法国学画后返回美国的途中，医生杰克逊将他引入了电磁学这个神奇的世界。

在船上，杰克逊向他展示了"电磁铁"，一种一通电能吸起铁器，一断电铁器就掉下来的装置。还说，"不管电线有多长，电流都可以神速通过"。这个小玩意儿使莫尔斯产生了遐想：既然电流可以瞬息间通过导线，那能不能用电流来传递信息呢？为此，他在自己的画本上写下了"电报"字样，立志要完成用电来传递信息的发明。

回到美国后，他全身心地投入到研制电报的工作中去。他拜著名的电磁学家亨利为师，从头开始学习电磁学知识。他买来了各种各样的实验仪器和电工工具，把画室改为实验室，夜以继日地埋头苦干。他设计了一个又一个方案，绘制了一幅又一幅草图，进行了一次又一次试验，但得到的却是一次又一次失败。在多次失望之中，他曾有好几次想放弃，继续他的绘画事业。然而，每当他拿起画笔看到画本上自己写的"电报"字样时，又被当初立下的誓言所激励，从失望中抬起头来。

他冷静地分析了失败的原因，认真检查了设计思路，发现必须寻找新的方法来发送信号。1836年，莫尔斯终于找到了新方法。他在笔记本上记下了新的设计方案：电流只要停止片刻，就会现出火花，火花的出现可以看成是一种符号，没有火花出现是另一种符号，没有火花的时间长度又是一种符号。这三种符号组合起来可代表字母和数字，这样就可以通过导线来传递文字了。只要发出两种电符号就可以传递信息，大大简化了设计和装置。莫尔斯的奇特构想，即著名的"莫尔斯电码"，是电信史上最早的编码，也是电报发明史上的重大突破。

莫尔斯在取得突破以后，马上就投入到紧张的工作中去，把设想变为实用的装置，并且不断地加以改进。1844年5月24日，莫尔斯在美国国会大厅里，亲自按动了电报机按键。随着一连串嘀嘀嗒嗒声响起，电文通过电线很快传到了数十公里外的巴尔的摩，他的助手准确无误地把电文译了出来。电文内容是《圣经》中的一句话：上帝啊，你创造了何等的奇迹！

莫尔斯电报的成功轰动了美国、英国和世界其他各国，并很快风靡全球。

◎ 美国历史上最后一封电报

2006年2月6日美国西部联盟公司宣布，停止电报业务。具有讽刺意义的是，该公司是在互联网上公布这个消息的，而互联网这一高科技通信手段恰恰就是导致电报"退场"的重要原因之一。由于越来越少的人使用电报，这个消息竟然足足被忽略了一个星期之久，才引起公众媒体的注意。

据西部联盟公司透露，最后10份电报的内容包括生日祝福、对死者的哀悼和一次紧急事件通知。其中，不少发电报的人并非忠实的电报拥趸，而是冲着"发出美国历史上最后一封电报"而来的。

美国西部联盟公司创建于1855年，当时电报是先进、流行的通讯手段，后来被称为"维多利亚时代的互联网"，该公司也是美国最后一个提供电报服务的公司。

◎ 无线电报

1909年诺贝尔物理学奖授予英国伦敦马可尼无线电报公司的意大利物理学家马可尼和德国阿尔萨斯州斯特拉斯堡大学的布劳恩，以表彰他们在发展无线电报上所做的贡献。

莫尔斯在1837年成功地发明了电码，并很快就建立了长距离的通讯网和横跨大西洋的电缆。但是架电线、铺电缆都是很麻烦的事情，如果能不经电线和电缆而直接传递信息，岂不是更为方便。于是19世纪上半叶就有许多科学家从事这方面的发明创造。

法国的布朗利、英国的洛奇、新西兰的卢瑟福、美国的特斯拉，都对无线电通讯做过有益的尝试。俄国的波波夫还公开表演过他的无线电收发报机，但没有得到应有的支持。1895年意大利科学家马可尼在自家的花园里成功地进行了无线电波传递实验，次年即获得了专利。1898年在英吉利海峡两岸进行的无线电报跨海试验获得成功，通讯距离为45公里；1899年又建立了106公里距离的通讯联系。之后，他大胆地想象，坚信有可能使定向电波沿地球表面传播，并于1901年12月，在加拿大用风筝牵引天线，成功地接收到了大西洋彼岸的无线电报。试验成功的消息轰动全球，从此，无线电报进入了通信领域，在全球传播着各种信息。

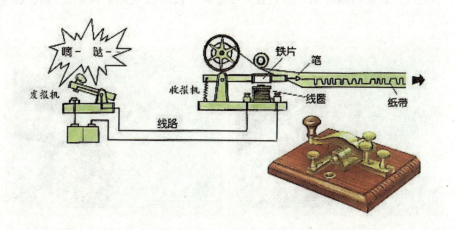

简易电动机模型

小到电动玩具车，大到工厂的机床，几乎都是由电动机带动的。电动机是如何转动起来的，我们都已学过了，甚至做过实验。如果自己找材料做一个简易的电动机，也许你会更深刻地理解电动机的原理和它的用途。

准 备

尖嘴钳、小刀、小磁铁、漆包线、裸铜线、木板、胶带纸、铜片、木螺丝、火柴盒、电池

制作过程

①以长约16厘米、宽约10厘米的长方形木板为底座，在其上面放置小磁铁，磁铁两侧各用一根直径1~2毫米、长约12厘米的裸铜线做成线圈

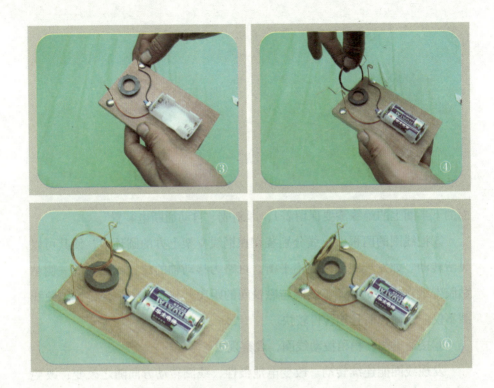

支架并兼做线圈与电源间的连线。

②剪两块铜片，弯成L形做电池夹，用木螺丝将铜片固定在底座一端的两侧，并使铜片分别与两个线圈支架相连。

③将直径约0.2毫米、长约100厘米的漆包线在火柴盒上绕10~12圈，两端各留两厘米作为引出线。两根引出线从线圈的正中引出，且基本通过线圈的重心，使其做转轴时能保证线圈平稳转动，再用胶带纸将线圈扎紧。

④把线圈平放在桌面上，用锋利的小刀将线圈一端引出线（兼作转轴）上的绝缘漆全部刮去，另一端引出线的绝缘漆只刮去上半圈（注意：贴近桌

面的下半圈上的绝缘漆要保留着），即制成"自动通断电装置"。

⑤把线圈的两根引出线分别装在裸铜线支架上方的圆环中，使其可以灵活转动。如发现线圈两侧不平衡，可略为移动轴的位置或在轻的一侧粘贴胶带纸作为配重。调整线圈与磁铁间的距离，找到一个最佳位置，使线圈不仅能转动，而且能转得较快。

⑥接通电源，稍稍拨动线圈，观察现象。

发现线圈能连续转动。改变电池极性，线圈转动方向随之改变；改变磁铁极性，线圈转动方向亦随之改变。

 相关链接

◎ 电动机

一种旋转式机器,它将电能转变为机械能，它是利用通电线圈在磁场中受力转动的现象制成的，其主要包括一个用以产生磁场的电磁铁绕组或分布的定子绕组和一个旋转电枢或转子，其导线中有电流通过并受磁场的作用而使其转动，这些机器中有些类型可做电动机用，也可做发电机用。

通常电动机的做功部分做旋转运动，这种电动机称为转子电动机；也有做直线运动的，称为直线电动机。电动机能提供的功率范围很大，从毫瓦级到万千瓦级。电动机的使用和控制非常方便，具有自起动、加速、制动、反转、掣住等能力，能满足各种运行要求；电动机的工作效率较高，

又没有烟尘、气味，不污染环境，噪声也较小。由于它的一系列优点，所以在工农业生产、交通运输、国防、商业及家用电器、医疗电器设备等方面广泛应用。可以说，电动机充斥着我们的世界，几乎每一个行业，甚至我们的生活中都离不开电动机。

◎ 几种常见电动机的用途

1. 伺服电动机

伺服电动机广泛应用于各种控制系统中，能将输入的电压信号转换为电机轴上的机械输出量，拖动被控制元件，从而达到控制目的。

2. 步进电动机

步进电动机主要应用在数控机床制造领域，由于步进电动机不需要A/D转换，能够直接将数字脉冲信号转化成角位移，所以一直被认为是最理想的数控机床执行元件。

除了在数控机床上的应用，步进电动机也可

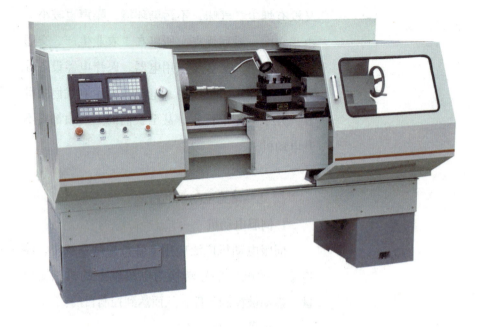

以用在其他的机械上，比如作为自动送料机中的马达，作为通用的软盘驱动器的马达，也可以应用在打印机和绘图仪中。

3. 力矩电动机

力矩电动机具有低转速和大力矩的特点，在纺织业中经常使用交流力矩电动机。

4. 开关磁阻电动机

开关磁阻电动机是一种新型调速电动机，结构极其简单且坚固，成本低、调速性能优异，是传统控制电动机强有力的竞争者。

5. 无刷直流电动机

无刷直流电动机的机械特性和调节特性的线性度好、调速范围广、寿命长、维护方便、噪声小、不存在因电刷而引起的一系列问题，所以这种电动机在控制系统中有很广泛的应用。

6. 直流电动机

直流电动机具有调速性能好、起动容易、能够载重起动等优点，所以目前直流电动机的应用仍然很广泛，尤其在可控硅直流电源出现以后。

7. 异步电动机

异步电动机具有结构简单，制造、使用和维护方便，运行可靠以及质量较小，成本较低等优点。异步电动机主要广泛应用于驱动机床、水泵、鼓风机、压缩机、起重卷扬设备、矿山机械、轻工机械、农副产品加工机械等大多数工农生产机械以及家用电器和医疗器械等。

其中，在家用电器中应用比较多，例如电扇、电冰箱、空调、吸尘器等。

8. 同步电动机

同步电动机主要用于大型机械，如鼓风机、水泵、球磨机、压缩机、轧钢机以及小型和微型仪器设备，或者充当控制元件。

简易风力计模型

　　风力的大小是计量风的一个很重要的标准，风力的大小是以风速来确定的。因此，风速的测量是很重要的计量指数，测量风力的仪器就是风力计。

准　备

　　乒乓球、吸管、自行车辐条、直径1.5毫米的铁丝、木板、橡皮筋、钳子、剪子、胶

制作过程

①用钉子在木板上钉一个小孔。

②把乒乓球沿注塑模具线剪

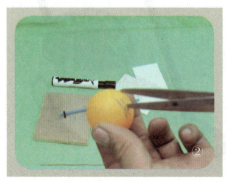

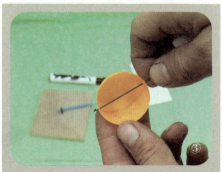

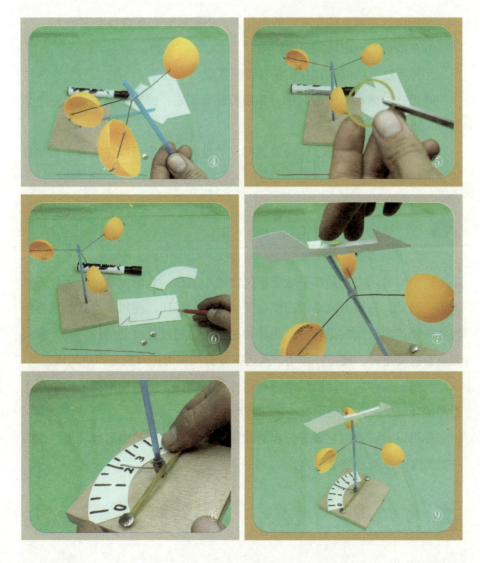

开，剪出4个半球，并在开口处的边缘钻一个3毫米的小孔，这就是半球风翼。

③用铁丝弯出3个风翼支架，每个支架的一端都要弯出一个直径3毫米的圆圈。

④把风翼支架的一端粘合在塑料吸管上。注意，每个支架间的角度是120°，并使所有支架垂直于吸管，且都在一个平面上。

⑤将自行车辐条插在木板的小孔里，再把吸管套在自行车辐条上。

⑥在纸板上画出风向标的图案。

⑦剪下这个风向标，并粘在吸管的顶端。

⑧把铁丝缠在吸管的底部，并用胶粘合固定，缠绕上橡皮筋，贴上风力标尺板。

⑨简易风力计做好了，为了提高它的准确性，你可以在实验中调整橡皮筋的松紧。

这个简易风力计是在平地上测风力的小制作，它的原理是，无风时风翼不会转动，有风时风翼的凹面会受到较大的风压，使风翼旋转。风翼旋转使转轴产生较大的扭转力，当转轴的扭转力超过橡皮筋的拉力时，橡皮筋就会拉动指针，使指针移动，从而指针会在风力标尺板上指示风级。

当然，这种风力计测风缺乏规范性和准确性，因为测地面风力须在无遮挡的环境里，并距地面有一定的高度。

你可以尝试着对它做进一步的改进，并把它放到适当的环境里，举到一定高度，准确地测量风力。

◎ 风力

风力的大小，（强度）是根据风速来确定的，风速越快，风力越大，对地面物体的影响程度也越大。风力大小用风级表示。

风的级别在气象上，一般根据风力大小划分为十二个等级（部分台风则分为17个等级）。

在天气预报中，常听到如"北风4到5级"之类的用语，此时所指的风力是平均风力；如听到"阵风7级"之类的用语，是指风速忽大忽小的风，此时是指风力最大时的风力。

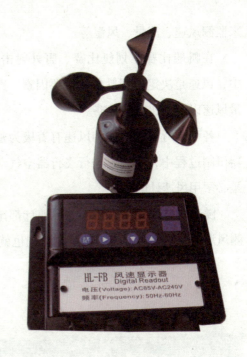

◎ 风速计

风速计是测量空气流速的仪器。它的种类较多，气象站最常用的为风杯风速计，它由3个互成120°固定在支架上的抛物锥空杯组成感应部分，空杯的凹面都朝向一个方向。整个感应部分安装在一根垂直旋转轴上，在风力的作用下，风杯绕轴以正比于风速的转速旋转。另一种旋转式风速计为旋桨式风速计，由一个三叶或四叶的螺旋桨作为感应部分，将其安装在一个风向标的前端，使它随时对准风的来向。桨叶绕水平轴以正比于风速的转速旋转。

常用的风速计类型还有：利用被加热物体的散热率与风速相关原理制成的热线风速计；利用声波传布速度受风速影响因而增加和减小原理制成的超声波风速表。

◎ 风速计的应用

一提起风速计，就会想到气象站里的风速计，因为风速计首先是在观察、研究气象变化的过程中使用的。但风速计的用途远不止如此，其实风速计的应用很广泛，在许多领域都有它们的应用。比如，采暖通风、空气调节、环保、体育、电力、钢铁、石化、节能、科研、公共场所及劳动卫生等方面都需要合适的、相应的气流变化条件，因此，就离不开用风速计来监测风速、流量、风温等。

在帆船比赛、划艇比赛、野外射击比赛、航空模型运动等体育竞赛中，风速是决定比赛胜负的重要因素，因此在比赛中都需要用风速仪来测量风速以制订比赛的策略。

各种飞行器的性能和风速有着极为密切的关系，因此，在新型的飞行器研制过程中，都需要进行飞行器空气动力性能的测试，其中风速的测量是必须用风速计的。

随着科技的进步，现在的风速计都比较先进，除了测量风速外还可以测风温、风量，因此，它的应用范围也就更加有条件延伸到各个领域。

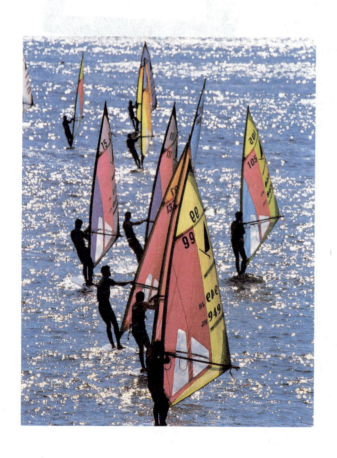

风力发电机模型

风能是一种绿色能源，风力发电是当代重点开发的绿色能源之一，用小玩具电机制作一个风力发电机，可以发出直流电，来试一试吧。

 准 备

木板、正方体木块、圆杆、小电机、易拉罐、强力胶、导线、小电珠、剪刀

制作过程

①在易拉罐上画出四等分线。

②用剪刀剪至易拉罐底处，弯折成风车，并在易拉罐底部的中间处钻一个小孔。

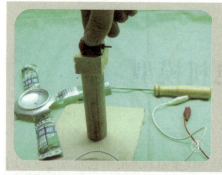

③在正方体木块的中心钻一个直径正好能容纳圆杆的小洞。将木块插在圆杆的一端，并用强力胶固定。

④然后把小电机用强力胶粘在木块的一端，将另一端插在木块上的小洞里，用强力胶固定。

⑤接通导线，连接小电珠，风力发电机模型就做成了。

柯博士告诉你

这是一个水平轴风力发电机模型，由一个小电机和风车组成。因小电机是和发电机的原理相同的，有互为逆行的变化，当通电时它的转子就可以转动，当转子转动时它就可以发出电来。

相关链接

◎ 海上风力发电

20世纪70年代石油危机以后，迎来了利用风能的新时代。随着全球气候变暖，使用可再生能源代替大量排放温室气体的化石燃料成为各国的环保措施之一。

在一些地理位置不错的陆地上，风能的开发具有一定的经济价值，而人们在另外一个前沿，发现开发风力发电的经济性也相当不错。世界上很多临海的国家开始制定海上风能开发和利用计划，考虑建立海上风电场。因为，海洋是一个多风的区域，这里蕴藏着丰富的风能。

但利用海上的风能电力在并网输电时需要很高的成本，所以海上风电场与电网联接的成本比陆地风电场要高。海上风电场的建设成本也大大高于陆地风电场，另外，海上风力发电的维护也比陆地风力发电困难。

但是，海上风电场的风速高于陆地风电场的风速，风能的蕴藏量很大，衡量利弊，海上风电场的成本和陆地风电场也就基本相同了。

❧ 赤道式日晷模型 ❧

日晷是古代利用太阳测定时间的仪器。古代人观察太阳时，发现了一天中太阳在空中位置的变化现象，并制作出了计量时间的仪器。这一方法和仪器一直被人们传续了数千年。

准 备

纸板或三合板、竹针、泡沫板、白胶、量角器、圆规、美工刀、剪刀、笔

制作过程

① 在纸板上用圆规画出一个圆，作为日晷的面盘。在上面按顺时针分别注上0，1，2……24作为时线，反面则按逆时针方向注上0，1，2……24

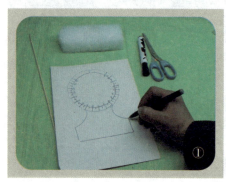

①

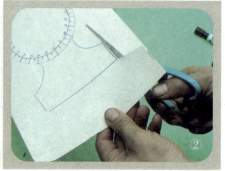

②

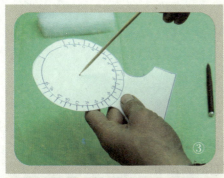

作为时线（注意：正反面的0时线要重合）。

　　②用剪刀剪下日晷的面板。

　　③用竹针做晷针，把它插进面板的中心处，使竹针和面板成一个直角，并使指针在面板两侧的长度相等。

　　④用美工刀切割泡沫板做晷座。

　　⑤把面板粘在晷座上，一个简单的日晷模型就做成了。

柯博士告诉你

　　由于地球的自转，我们就会看到太阳在一天中不同的时间里，位置发生着"变化"；由于天空中太阳位置的"变化"，太阳照射物体的投影也随之变化，因此物体的投影反映了时间的变化。这就是日晷能映射时间变化的原理。

◎ 赤道式日晷

又称"日规"，是古代利用日影测得时刻的一种计时仪器，通常由铜制的指针和石制的圆盘组成。铜制的指针叫作"晷针"，垂直地穿过圆盘中心，起着圭表中立竿的作用，因此，晷针又叫"表"；石制的圆盘叫作"晷面"，安放在石台上，呈南高北低的状态，使晷面平行于赤道面，这样，晷针的上端正好指向北天极，下端正好指向南天极。在晷面的正反两面刻画出12个大格，每个大格代表两个小时，每小时相当与15°。当太阳光照在日晷上时，晷针的影子就会投向晷面，太阳由东向西移动，晷针的影子也慢慢地由西向东移动。于是，移动着的晷针影子就好像是现代钟表的指针，晷面则是钟表的表盘，以此来显示时刻。

赤道式日晷是世界上最重要和最常见的计时仪器。所谓赤道，是指地球的赤道或平行于地球赤道的平面，对于天文仪器来说，赤道一般都指后者，即平行于赤道之平面，简称为赤道面。所谓赤道式日晷或赤道日晷的晷面，即为

赤道面。

　　世界上最早的日晷诞生于6000年前的巴比伦王国。中国最早有文献记载是《隋书·天文志》中提到的袁充于隋开皇十四年公元574年发明的短影平仪，即地平日晷。赤道日晷的明确记载初见于南宋曾敏行的《独醒杂志》卷二中提到的晷影图。

　　北京故宫太和殿中的赤道日晷，晷面用汉白玉制，造型雄伟，气魄宏大，是中国古代典型的、也是经典式赤道日晷。随着太阳位置的变化，晷针影子在盘上移动一寸所花的时间称为"一寸光阴"，"一寸光阴一寸金"就是由此而来。

　　赤道式日晷的计时精度可以比地平式日晷

稍高。

日晷有一个致命弱点，是阴雨天和夜里是没法使用的，直至1270年在意大利和德国出现了早期的机械钟，而中国则在1601年明代万历皇帝才得到两架外国的自鸣钟。清代时虽有很多进口和自制的钟表，但都为王宫贵府所用，一般平民百姓还是看天晓时。所以，彻底抛却日晷，用钟表计时只是近现代几百年的事。

◎ 泰勒斯用影子巧测金字塔高

出生于公元前6世纪的泰勒斯，是古希腊最早、最著名的思想家、哲学家、天文学家、数学家和科学家。

他曾准确地预测过日蚀、确认过小熊星座、估量过太阳及月球的大小。

他是首个将一年的长度修订为365日的希腊人，特别是他利用日影来测量金字塔高度的故事，更是脍炙人口。

据说，埃及的大金字塔修成一千多年后，还没有人能够准确的测出它的高度。虽然有许多人做过很多努力，但都没有成功。

一年春天，泰勒斯来到埃及，当时的埃及法老想试探一下他的能力，就问他是否能解决这个难题。泰勒斯很有把握地说可以，但有一个条件是法老必须在场。

第二天，法老如约而至，金字塔周围也聚集了不少围观的人群。泰勒斯来到金字塔前，阳光把他的影子投在地面上。

　　每过一会儿，他就让别人测量他影子的长度，当测量值与他的身高完全吻合时，他立刻在映射到地面上的大金字塔的影子处做一记号。然后他丈量金字塔底到投影尖顶的距离，又量了金字塔底边一半的长度，再把这两个长度加起来。他大声地宣读了所测量和计算的数字，他不用爬到金字塔顶就方便地测量出了金字塔的高度。

　　人们一阵欢呼："泰勒斯真是世界上最聪明的人！"

　　在法老的请求下，他向大家讲解了如何从"影长等于身长"推到"塔影长等于塔高"的原理。这个原理也就是今天所说的相似三角形定理。

简易气泡水平仪模型

　　水平仪用于测量小角度，在生产和生活过程中我们常用水平仪检测物体的水平位置和垂直位置，进而对物体的水平度和垂直度进行调整。下面让我们自己动手，做一个简易的气泡水平仪。

 准　备

　　玻璃管、废旧包装纸盒、胶塞、食用油、泡沫板、胶带

 制作过程

　　①把食用油轻轻地倒入玻璃管内，不要倒满。

　　②为玻璃管盖上胶塞或软木盖，使管内留有一个气泡。

　　③在包装盒上画出一个开口的加工线并剪开，在开口两侧画出标

示线。

④在包装盒内填充泡沫板，然后把玻璃管放进盒内，并使它显露在开口处，最后用胶带将填充物和玻璃管固定，并在包装盒上贴一张纸条。

⑤把水平仪放在桌面上，就可以测试桌子是否放置水平了。

柯博士告诉你

密闭的玻璃管中有油和空气。由于空气的密度小于油的密度，所以玻璃管中的空气总是处于油的上方。

油是液体，液体具有流动性，人们常说：人往高处走，水往低处流。因此，玻璃管只要不处于水平面，油就会流动，而气泡不管怎样都会在油的上面。因此，当气泡在玻璃管中间时，正好是管内的油处于水平状态之

时，也就是玻璃管处于水平状态。

 相关链接

◎ 水平仪

气泡水平仪用高级钢料制造架座，经精密加工后，其架座底面平滑，座面中央装有纵长圆曲形的玻璃管，也有在左端附加横向小型水平玻璃管的，管内充满乙醚或酒精，并留有一个小气泡，它在管中永远位于最高点。

气泡水平仪应用在道路工程、机械测量、建筑工程、工业平台、石油勘测、军工、船舶等许多方面，作为检验机器安装面或平板是否水平，测知倾斜方向与角度大小的测量仪器。水准泡式水平仪通称水平仪。水平仪又分为钳工水平仪、框式水平仪、合象水平仪等。水准泡是一个内壁磨成一定曲率半径的玻璃管，管内装有粘滞系数小的酒精、乙醚等液体，但留有一个气泡。气

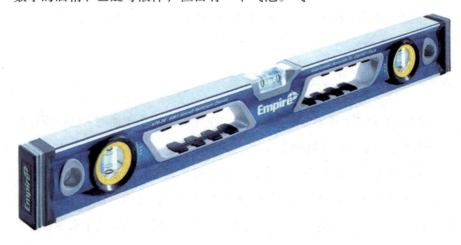

泡随玻璃管倾斜而移动，从玻璃管上的刻度可以读出倾斜的角度。钳工水平仪的底面是测量面，它仅能测量被测面相对于水平面的角度偏差。

框式水平仪有两个相互垂直的测量面，因此可以在水平和垂直两个位置上测量。

◎ 电子水平仪

具有一个基座测量面，以电容摆的平衡原理测量被测面相对水平面微小倾角的测量器具。其中，以指针式装置指示测量值的仪器称为指针式电子水平仪，以数字显示装置指示测量值的仪器称为数显式电子水平仪。

普通水平仪是靠观察水平尺中气泡是否在其中心位置来确定被测物体平面是否达到水平的，在光线较暗的环境里，肉眼不易看清物体，就难以准确判断。电子水平仪用声光的变化来指示物体平面是否达到水平，从而可在任何亮度的环境中进行测量，使用十分方便。

电子水平仪分为电感式、电容式和电阻式等类型。电感式电子水平仪的工作原理为：当测量面处于水平位置时，磁芯处于绕阻的中间位置，使电桥保持平衡。当测量面与水平面有倾斜角时，悬有磁芯的细丝由于重力作用仍保持与水平面垂直，磁芯不处于绕阻的中间位置,电桥失去平衡而输出电感量，由指示电表指示出倾斜角的数值。20世纪80年代初出现带有电

子计算机的电子水平仪。它能自动地对测量所得数据进行处理，通过外围设备描绘出被测表面的轮廓图，以数字显示或打印出误差值。

电子式水平仪，是用来测量高精度的工具，如NC车床、铣床、切削加工机、三次元量床等床面，其灵敏度非常高。

电视塔模型

自古以来城市中就有文化建筑，寺院、教堂等宗教建筑就是最古老的文化建筑，到了现代，电视塔、影剧院、纪念碑等更是名目繁多。文化建筑是一座城市的标志，下面，让我们一起来做一个电视塔模型。

准 备

废旧塑料管、塑料球、木板、锯、广告色、直尺、剪刀、笔、美工刀、强力胶

制作过程

①用直尺测量管材，画出加工线。
②用手工锯沿画好的线锯断管材。

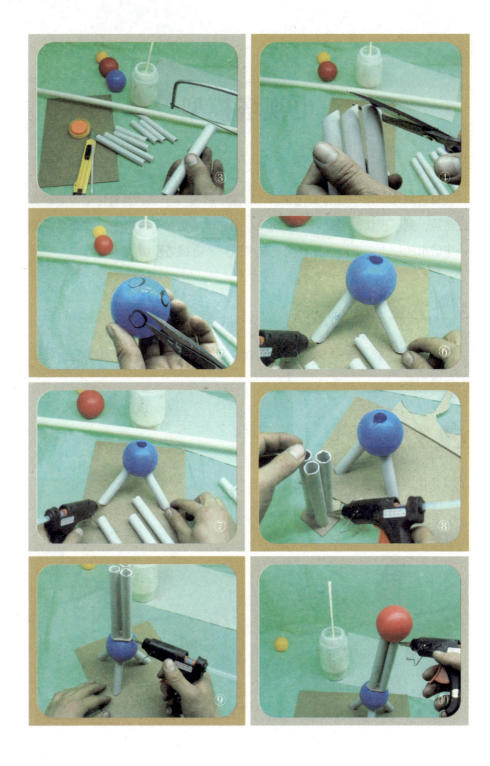

③按每一节管材的长短进行整理。

④在塔底支柱剪一个适当的斜面。

⑤在较大塑料球的上下分别剪出1个和3个同管材外径相当的圆孔。

⑥把塔底支柱的管材插进塑料球下面的3个孔中，用胶粘合。

⑦把支柱粘在底板上。

⑧把第一层支架粘在层板上。

⑨把粘好的层板粘在球的正上方。

⑩将第二个球粘在第一层支架上。

⑪在第二个球上粘上第二层支架，并在第三个球上粘一根天线。

⑫为此模型涂上适当的颜色。

⑬还可以为此模型涂上上图中的这种颜色，这就由你来设计了。

相关链接

◎ 钢铁建造的纪念碑

埃菲尔铁塔是巴黎的标志之一，被法国人称为"铁娘子"。它和纽约的帝国大厦、东京的电视塔被誉为西方三大著名建筑。

1889年，法国大革命100周年，巴黎举办了大型国际博览会以示庆祝。博览会上最引人注目的展品便是埃菲尔铁塔。它成为当时席卷世界的工业革命的象征，是一座展示工业革命的纪念碑，是一座象征机器文明、在巴黎任何角落都能望见的巨塔。

埃菲尔铁塔占地一公顷，耸立在巴黎市区赛纳河畔的战神广场上。它分为三层，第一层高57米，第二层高115米，第三层高274米。从塔座到塔顶共有1711级阶梯，每一层都设有酒吧和餐厅，供游客在此小憩，领略独具风采的巴黎市区全景，每逢晴空万里，这里可以欣赏到70公里之内的景色。

埃菲尔铁塔的塔顶现已设气象站。另外，顶部架有天线，为巴黎电视中心。

埃菲尔铁塔的设计者是法国建筑师居斯塔夫·埃菲尔，早年他以造桥而闻名。

1887年1月28日，埃菲尔铁塔正式开工。250名工人经过了两年多的努力，终于在1889年3月31日将这座钢铁结构的高塔建造成功，至今这座闻名遐迩的铁塔依然屹立在塞纳河畔，至今已有121年之久。

埃菲尔铁塔是由很多分散的碎片组成的——看起来就像模型的组件。这些组件共有18038个，重达7000吨，施工时共钻孔700万个，使用铆钉250万个。

据统计，埃菲尔铁塔的设计草图就有5300多张，其中包括1700张全图。

由于铁塔上的每个部件都事先严格编号，所以装配时没出一点差错。施工完全依照设计进行，中途没有进行任何改动，可见设计之合理、计算之精确。

建成后的埃菲尔铁塔高300米，直到1930年它都是全世界最高的建筑。如今，埃菲尔铁塔上增设了广播和电视天线，它的总高度已达320米。

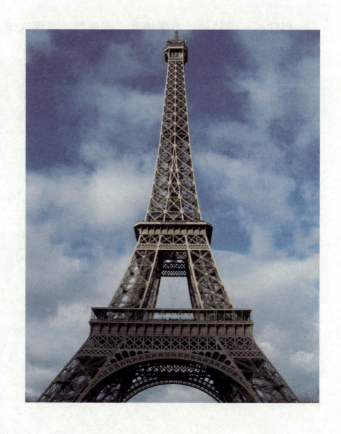

机械大雁模型

大雁是人们喜爱的一种候鸟，人们崇尚它们的团结精神。我们要制作的机械大雁是利用一种简单的机械原理制作的，它的两个翅膀能自由地摆动，栩栩如生，好像正在飞翔。

准 备

粗铁丝、细铁丝、方形纸盒、回形针、废圆珠笔芯、白板纸、剪刀、尖嘴钳

制作过程

①在白板纸上画出大雁的身体和一对翅膀。

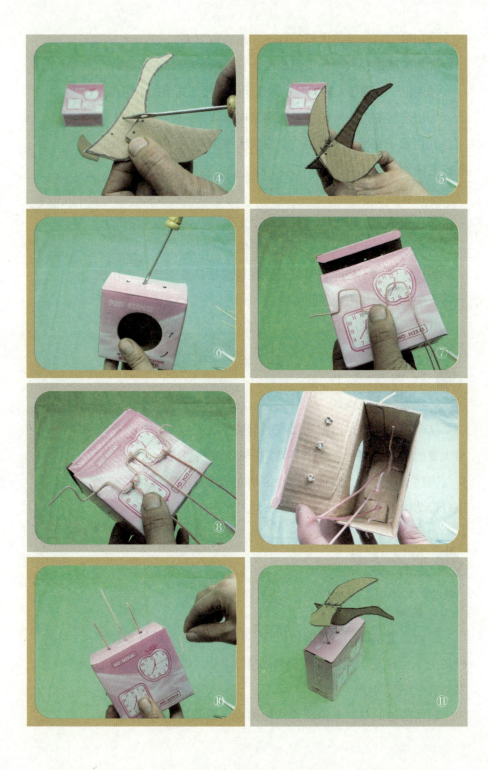

②用剪刀沿线条把大雁的身子和翅膀剪下来。

③用尖嘴钳在回形针上做成两个直径约1厘米的连接圈。

④用锥子分别在大雁的身子和翅膀的连接处扎出两个小孔。

⑤用连接圈把大雁的身子和翅膀连接起来。

⑥用锥子在纸盒上方扎3个安装大雁时作为支撑的小孔；在左右两侧分别扎1个曲轴安装小孔。

⑦粗铁丝弯成曲轴。

⑧在曲轴上，用细铁丝安装大雁支架。

⑨把曲轴和大雁支架安装在盒子里。

⑩摇动曲轴，检查各部件是否运转灵活。在支架上，用铁丝将大雁的身子和两个翅膀固定。

⑪机械大雁做成了。

 柯博士告诉你

这个机械大雁是由铁丝做成的机械系统组成的，机械系统由大雁的身子、翅膀、连杆支架、曲轴及摇柄组成。

当摇动摇柄时，曲轴的转动带动支架连杆上下运动，支架连杆带动翅膀上下煽动，就犹如一只大雁正在飞行。

相关链接

◎ 曲轴

曲轴是发动机的主要旋转机件，装上连杆后，可使承接连杆的上下（往复）运动变成循环(旋转)运动。各种行走机械的发动机上都有曲轴。

制作曲轴的材料是由碳素结构钢或球墨铸铁制成的，这种

材料具有相当高的耐磨性。

曲轴有两个重要部位：主轴颈，连杆颈。主轴颈被安装在缸体上，连杆颈与连杆大头孔连接，连杆小头孔与汽缸活塞连接，是一个典型的曲柄滑块结构。曲轴的润滑主要是摇臂间轴瓦的润滑和两头固定点的润滑，曲轴中间会有油道和各个轴瓦相通，发动机运转以后靠机油泵提供压力供油进行润滑、降温。发动机工作过程就是活塞经过混合压缩气的燃爆，推动活塞做直线运动，并通过连杆将力传给曲轴，再由曲轴将直线运动转变为旋转运动。曲轴的旋转是发动机的动力源，而发动机是汽车、柴油机车、拖拉机、坦克等行走机械的源动力。

饮料瓶风车模型

有许多材料都可以用来制作风车，其中用饮料瓶制作的风车更加结实、轻便，承受风的能力更大。下面就让我们一起动手来制作一个吧。

准 备

饮料瓶、铆钉、剪刀、圆规、锥子、木棍

制作过程

①在饮料瓶盖的中心处，用锥子钻一个孔。

②把铆钉镶入孔中。

③在铆钉上插入风车转轴，并

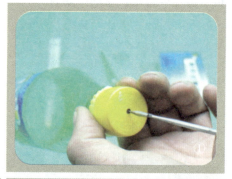

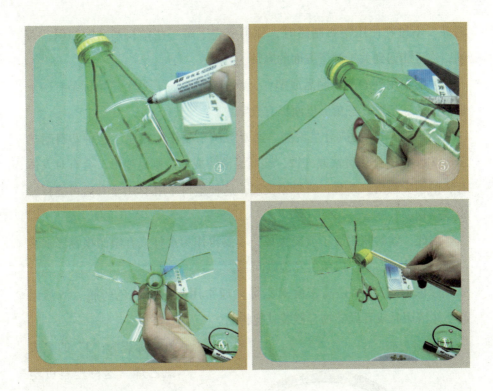

粘在风车支架杆上，在瓶盖外侧用易拉罐的边角料剪一个限位圆片，并用胶粘在轴的这段。

④在饮料瓶壁上分出4等份，并画出风车叶片的形状。

⑤把塑料瓶的瓶底剪下，然后沿着加工线剪下每个风车叶片。

⑥将每个叶片向外折弯。折叶片的同时，把叶根的同一个单侧向外折，使叶片约呈30°的斜角。

⑦拧上瓶盖，风车就做好了。

 相关链接

◎ 日用塑料制品上的三角标

塑料制品已经遍布世界的各个角落，在我们生活中也离不开各种塑料

制品。不过在使用塑料制品时，你可要先了解一些塑料制品的知识，否则，你可能遇到关于健康方面的麻烦。

生活中用到的塑料制品或塑料，都标有三角标，这个三角标是有一个带箭头的三角形，三角形里面标有数字。

标识为"1"的成分是聚酯，通常被用来制作饮料瓶。这种塑料耐热至70℃，只适合装暖饮或冻饮，装高温液体或加热则易变形，会有对人体有害的物质融出。并且，科学家发现，这种塑料品用了10个月后可能释放出致癌物。

因此，饮料瓶用完了就要丢掉，不要再作为水杯或者做储物容器乘装油或酒等其他物品，以免引发健康问题。

标识为"2"的是高密度聚乙烯，通常用来制作白色药瓶、清洁用品、沐浴用品或者做储物容器装其他物品。

标识为"3"的是聚氯乙烯。这种塑料可塑性优良、价钱便宜，故使用很普遍，它可以制作塑料雨衣、建材、塑料膜、塑料盒等。这种材料很少被用于食品包装，因为难清洗、易残留，不宜循环使用。

标识为"4"是聚乙烯，常用的保鲜膜、塑料膜等有时就使用聚乙烯制作。这种材料遇高温时会产生有害物质，所以聚乙烯保鲜膜不能

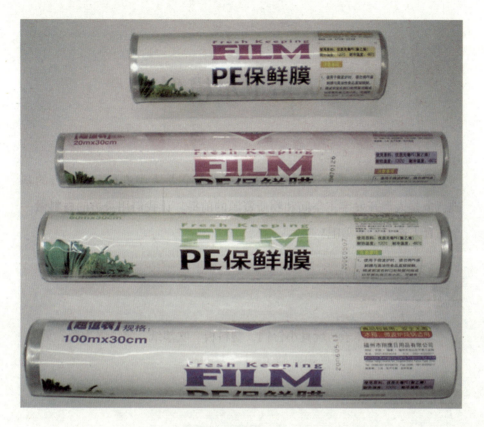

在微波炉里使用。

标识为"5"是聚丙烯，常见的有豆浆瓶、优酪乳瓶、果汁饮料瓶、微波炉餐盒等。他的熔点高达167℃，是唯一可以放进微波炉的塑料盒，可在仔细清洁后重复使用。

标识为"6"是聚苯乙烯，常见的有碗装泡面盒、快餐盒，这类塑料不能放进微波炉中，以免因温度过高而释放化学物。装酸（如柳橙汁）、碱性物质后，会分解出致癌物质。避免用快餐盒打包滚烫的食物，别用微波炉煮碗装方便面。

人造卫星模型

　　人造卫星是人类发明制造的人造天体，它是人类进行宇宙飞行的基础，也是人类开发宇宙空间和物质资源的前提。让我们用身边的材料做一个仿真人造卫星模型吧！

准　备

　　塑料瓶、小杯子、玩具小铃铛、塑料板、吹塑纸、笔、强力胶、剪刀

制作过程

　　①比照小杯子的杯口在吹塑纸上画出一个稍小于杯口的圆，并剪下来，在圆上刻出几个小圆孔，再用胶粘在杯口内。

　　②把小杯子的底部对准塑料瓶口，用胶粘牢，作为卫星的服务舱和载

①

②

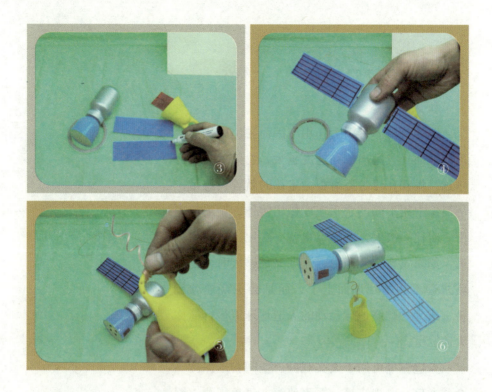

荷舱。

　　③用蓝色吹塑纸剪出两个长方形，并用笔画出如图4所示的线，作为卫星的太阳能电池板。

　　④在瓶壁的两侧适当位置各钻一个小孔，把铁丝插进孔中，两边都露出一段，把吹塑纸做的电池板分别粘在两侧的铁丝上。

　　⑤把一段铁丝绑扎在玩具小铃铛上，铁丝的另一端插进塑料瓶的重心位置。

　　⑥调整卫星模型的姿态，使其重心适当，呈现出卫星飞行的姿态。

 相关链接

◎ 人造卫星

地球对物体有引力作用，因而抛出的物体会落回地面，且抛出的初速度越大，物体就会飞得越远。牛顿在思考万有引力定律时就曾设想过，从高山上用不同的水平速度抛出物体，抛出的速度一次比一次大，落地点也就一次比一次离山脚远。如果没有空气阻力，速度又足够大时，物体就永远不会落到地面上了，而是会围绕地球旋转，成为一颗绕地球运动的人造地球卫星，简称人造卫星。

人造卫星可用于天文观测、空间物理探测、全球通信、电视广播、军事侦察、气象观测、资源普查、环境监测、大地测量、搜索营救等方面。

人造卫星按运行轨道可分为低轨道卫星、中轨道卫星、高轨道卫星、地球同步轨道卫星、地球静止轨道卫星、太阳同步轨道卫星、大椭圆轨道卫星和极轨道卫星。按用途可分为科学卫星、应用卫星和技术试验卫星。

人造卫星一般由专用系统和保障系统组成。专用系统是

指与卫星所执行的任务直接有关的系统，也称为有效载荷。应用卫星的专用系统按卫星的各种用途包括：通信转发器、遥感器、导航设备等。科学卫星的专用系统则是各种空间物理探测、天文探测仪器。

技术试验卫星的专用系统则是各种新原理、新技术、新方案、新仪器设备和新材料的试验设备。保障系统是指保障卫星和专用系统在宇宙空间正常工作的系统，也称为服务系统，主要有结构系统、电源系统、热控制系统、姿态控制和轨道控制系统、无线电测控系统等。对于返回卫星，则还有返回着陆系统。

在卫星轨道高度达到35 786千米、并沿地球赤道上空与地球自转同一方向飞行时，卫星绕地球旋转周期则与地球自转周期完全相同，相对位置保持不变。此卫星在地球上看是静止地挂在高空，称为地球静止轨道卫星，这种卫星可实现卫星与地面站之间不间断的信息交换，并大大简化了地面站的设备。目前绝大多数通过卫星的电视转播和转发通信都是由静止通信卫星实现的。

圆周小飞机模型

小型的飞机多用螺旋桨旋转产生的拉力飞行，这也是飞机发明之初的飞行方式，螺旋桨飞机直至现在也时有所见。做一个圆周小飞机模型，来亲眼看一看螺旋桨带来的奇迹吧！

准备

小电机、木条、空气桨、橡皮筋、自行车辐条、带微型开关的电池盒、导线、铁钉、剪刀、锥子、沙子或其他重物、塑料吸管、塑料瓶

制作过程

①在木条中间钻一个透孔，在

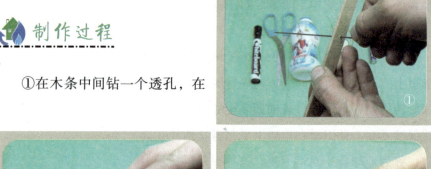

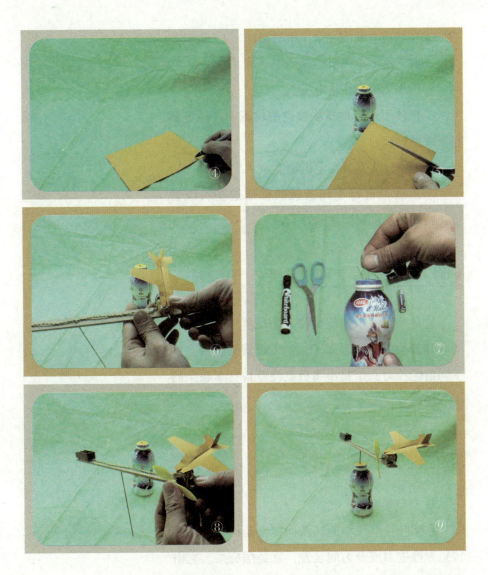

自行车辐条上面套进一个螺丝垫，再把木条插在自行车辐条上。

　　②把小电机安装在木条的一端，用橡皮筋扎紧。

　　③把电池盒安装在木条的另一端，放进电池后用橡皮筋扎紧，并连接导线。

④在纸板上画出一个飞机的图样。

⑤剪下这个小飞机图样。

⑥把小飞机粘在小电机上。

⑦把沙子或其他重物放进塑料瓶中，插进塑料吸管做轴套。

⑧把空气桨安装在电机轴上。

⑨最后把自行车辐条做的轴插进塑料吸管里，圆周小飞机模型就做好了。

柯博士告诉你

这是一个演示螺旋桨拉力的玩具。当电机启动时螺旋桨就旋转起来了，由于螺旋桨旋转产生了向前的拉力，于是小飞机就绕着自行车辐条的中心旋转。

相关链接

◎ 空气螺旋桨

靠桨叶在空气中旋转从而将发动机转动功率转化为推进力或升力的装置，就是螺旋桨。它由多个桨叶和中央的桨毂组成，桨叶好像一个扭转的细长机翼安装在桨毂上，发动机轴与桨毂相连接并带动它旋转。

中国明代的民间玩具"竹蜻蜓"，就是一种原始的螺旋桨。喷气发动机出现以前，所有带动力的航空器无不以螺旋桨作为产生推动力的装置。

除了飞机以外，飞艇的前进也是来自螺旋桨。目前螺旋桨仍用于装活塞式和涡轮螺旋桨发动机的亚音速飞机，直升机翼和尾桨也是一种螺旋桨。

螺旋桨旋转时，桨叶不断把大量空气向后推动，在桨叶上产生向前的力，即推进力。一般情况下，螺旋桨除旋转外还有前进速度。

如截取一小段桨叶来看，就像一小段机翼，其相对气流速度由前进速度和旋转速度合成。桨叶上的气动力在前进方向的分力构成拉力，在旋转面内的分量形成阻止螺旋桨旋转的力矩，由发动机的力矩来平衡。桨叶剖面弦(相当于翼弦)与旋转平面夹角称为桨叶安装角，螺旋桨旋转一圈，以桨叶安装角为导引向前推进的距离称为桨距。

螺旋桨有2、3或4个桨叶，一般桨叶数目越多吸收功率越大。有时在大功率涡轮螺旋桨飞机上还采用一种套轴式螺旋桨，它实际上是两个反向旋转的螺旋桨,可以抵消反作用扭矩。

最早的飞机螺旋桨或现在发动机功率低于100千瓦的轻型飞机上,常用双叶木制螺旋桨。它是用一根拼接的木材两边修成扭转的桨叶,中间开孔与发动机轴相连接而成。

螺旋桨要承受高速旋转时桨叶自身的离心惯性力和气动载荷,所以大功率螺旋桨在桨叶根部受到的离心力可达200千牛,此外还有发动机和气动力引起的振动。因此,大功率发动机多用铝合金和钢来制造桨叶,铝和钢制桨叶因材料坚固可以做得薄一些,有利于提高螺旋桨在高速时的效率。20世纪70年代以后还用到了复合材料制造桨叶以减轻重量。

电动小炮艇模型

蓝色的海洋中游弋着数不尽的船舶，其中引人注目的军用船舶更是海洋上的一道风景。

准 备

泡沫板、小电机、竹筷、大头针、小纸盒、电池盒、快干胶、自行车气门芯、小船用螺旋桨、美工刀、砂纸

制作过程

①在泡沫板上画出一个狭长的船体，并用刀切下，用砂纸打磨成船体。

②用泡沫板削制一个前主炮，并安装上炮管。

③把前主炮粘在船体的前方。

④用一段铁丝把小电机固定在电池盒上，并把桨轴用气门芯做软轴连

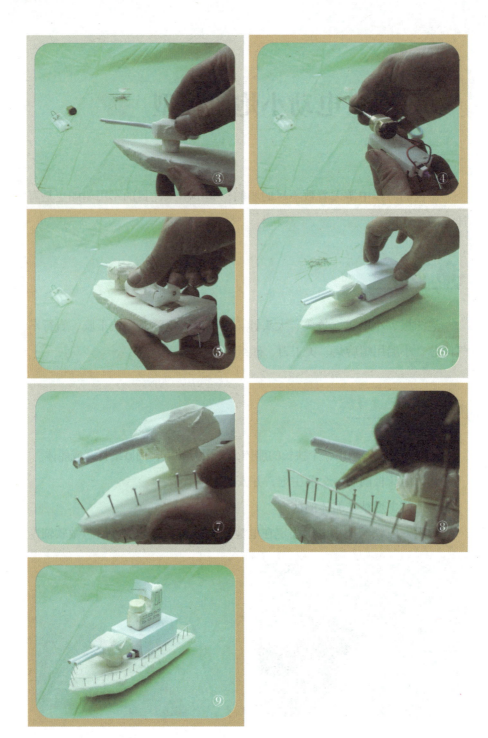

接螺旋桨桨轴。

⑤把电池盒和电机装在船体的槽内，螺旋桨轴穿出船体尾部。

⑥把一个纸盒粘在舱面甲板上。

⑦把大头针插在甲板周围做护栏。

⑧用胶把棉绳粘在大头针上，这样护栏就更形象了。

⑨用纸板做出驾驶舱、天线、雷达等粘在纸盒上。

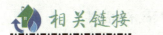 相关链接

◎ 古代战船

船舶用于战争由来已久，几千年前的摇桨船就可以用来运输士兵及粮草。但真正意义上的用来进攻或防守的船只，仅出现在公元前几百年。

最早的桨帆战船为单层桨，公元前1200多年出现于埃及、腓尼基和希腊。公元前800年，单层桨战船开始装上青铜铸造的船艏冲角，用来进行海上战船间的撞击战。公元前700年，在腓尼基和希腊等国造出了两层桨战船。公元前550年，希腊最先造出三层桨战船，它长40~50米，排水量约200吨，有170枝桨，划桨时航速可达6节，顺风时可以使用风帆，主要武器为舰艏冲角，载有18~50名进行接舷的战士，战士携带矛、剑、弓、标枪和盾牌，无武装桨手170人。此后，三层桨战船成为

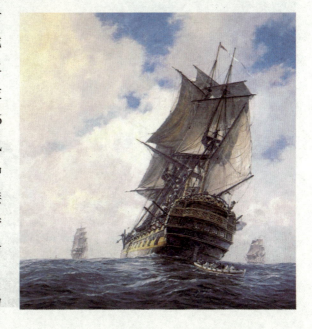

地中海沿岸各国海军舰队的主力，并持续了十几个世纪。

那时的战船是木制的，船的动力也是人力摇桨，这样的船起初只是运载士兵，战船上也没有什么火力武器，军士们利用船的冲撞，把敌船撞沉，或当两船接近时，士兵登上敌船厮杀。

据史料记载，公元前三世纪与二世纪希腊战舰大多数的桨或全部的桨都是将其转轴装在一个大的舷外支架上，而不是装在船身上。船身内具有单桨的舱口，摇桨的士兵们一有机会就抓住敌船，然后让军队进入甲板，这样就可以使海战改变为可应用他们所擅长的步兵战术的战斗。

后来，有的船也装备了古老的弹射器、抛石机等武器。

阿基米德建造了一种舰用弹射器，每个可发射重78.5公斤的石头或5.5公尺长的标枪。标枪多半只是砍伐中等大小的树的大枝，并将树干装上铁的尖头而制成。这类弹射物能够打穿船壳并使船沉没，也可以杀伤敌方摇桨的水手，以减少敌方兵船的动力。

世界战船从桨帆战船向风帆战船的过渡，整整持续了数个世纪。风帆战船的船体也为木质，吃水较深，干舷较高，艏艉翘起，竖有多个桅帆，以风帆为主要动力，并辅以桨

橹。与桨帆战船相比，风帆战船的排水量、航海性能、远洋作战能力均有了较大的提高，主要武器为前装的滑膛炮，作战方法主要是双方战船在数十米至数千米距离上进行炮战，并辅以一定的接舷战。我国明代航海家郑和率领的庞大船队曾七下西洋，他所乘坐的最大的"宝"船，长约137米、宽约56米，有9桅12帆，装有火铳多门，是当时世界上最大的风帆海船。

到了19世纪，随着欧洲各国的海上战争愈演愈烈，风帆战船得到进一步的发展。最大的风帆战船排水量已达6000吨，装备大中口径火炮100门以上。当时，有的国家将风帆舰船依排水量的大小和火炮的多少分为六个等级，一至三级称为战列舰，排水量在1000吨以上，在三层或两层甲板上装火炮70~120门；四、五级称作巡洋舰，排水量500~750吨，在两层甲板上装火炮40~64门；第六级被称作轻巡洋舰，排水量约300吨，在单层甲板上装火炮6~30门。

就在风帆战船飞速发展的同时，自19世纪初以来，蒸汽机开始作为新的动力被使用在战船上。1815年，美国建成了第一艘明轮蒸汽舰"德莫洛戈斯"号（后改称"富尔顿"号），其排水量达2745吨，航速不到6节，装有14.5公斤炮32门。早期的蒸汽船都是由明轮推进的。但明轮船在海战

中使用却受到很大限制，一是庞大的明轮和部分机器暴露在敌人的火力之下，因而在战斗中的极易受到炮火的毁坏；二是明轮布置于舰舷两侧，占据了用于安装火炮的宝贵空间。

1929年，奥地利人约瑟夫·莱塞尔发明了可实用于船舶的螺旋桨，从而克服了明轮的缺点，使得蒸汽机能够装置于舰船吃水以下的舱室。螺旋桨推进器出现后，蒸汽机逐步成为战舰的主动力装置，从而使战舰发生了一系列崭新地、质地变化。由于蒸汽战船改变了对风速、风向和潮流的依赖，风帆战船时代宣告终结。与此同时，舰上火炮也得到迅速发展。一是火炮口径不断加大；二是发明了威力巨大的"爆破弹"；三是出现了线膛炮，火炮射击精准度大大提高。性能优越的火炮对木质船舷产生灾难性的打击，为此，大型舰船开始装设舷部和甲板的装甲防护带，以抵挡敌舰炮火的攻击。铁甲战舰由此问世。

1859年，法国建成了"光荣"号铁甲舰。该舰排水量5617吨，装备36门舰炮，装甲厚11厘米，装甲后面用大肋木支撑。铁甲战舰被广泛地应用于海战后，很快就显示出与众不同的特点与威力。在1862年的美国南北战争中，南军专门改装修造了"梅里马克"号战舰。该舰原来船身吃水线以上的部分被全部去掉，在船中装了矮而平的炮台，四面用半米多厚的木板做壁，最外层包有厚铁板。一次海战中，"梅里马克"号受到北军两艘战舰及沿岸炮台的疯狂炮击。但令人吃惊的是，大部分炮弹竟被弹了回去，而"梅里马克"号未受任何损伤，照样高速前进。

随着铁甲战舰的出现，来复线炮管和爆破弹也被用在各海上强国的战舰上。来复线炮比滑膛炮具有更高的命中概率，爆破弹也比散弹或实心弹更具威力。为了抵御更加猛烈的炮火，战舰的铁甲也越来越厚。最终，钢铁逐步成为了主要的造船材料，从而使得战舰结构更加坚固耐用，排水量也增至万吨以上。

与此同时，水雷和鱼雷等专门的海战武器陆续发明并被装备于战舰。1877年，英国研制出了第一艘鱼雷艇。1892年，俄国研制出布雷舰。很快，各国海军纷纷效仿，也先后研制出了本国的鱼雷艇和布雷舰。水雷和鱼雷的应用增强了海军的战斗力，各国海军为了对付鱼雷、水雷所带来的新威胁，开始为其大型战舰设置了水下防雷结构。1893年，英国建成了专门对付鱼雷艇的鱼雷炮舰，这种鱼雷炮舰后来逐渐演

变成为了今天的驱逐舰。

◎ 现代军用船舶

1860年，英国铁甲舰"勇士"号下水。该舰满载排水量为9210吨，舰速14节，帆机并用时航速可达17节。舰上装有40门炮，其中发射50公斤炮弹、炮尾装填的线膛炮10门，发射31公斤炮弹、炮口装填的滑膛炮26门；后甲板上还有发射18公斤炮弹、炮尾装填的线膛4门；舰上还装有4台920千瓦的蒸汽机。"勇士"号的下水，标志着木壳战列舰漫长时代的结束，现代化的舰船开始游弋于波涛之中。

军舰是在海上执行战斗任务的船舶。直接执行战斗任务的是战斗舰艇，执行辅助战斗任务的是辅助战斗舰艇。

军舰与民用船舶的最大区别首先是舰艇上装备有武器，其次是军舰的外表一般漆上蓝灰色油漆，舰尾悬挂海军旗或国旗。桅杆上装有各种用于作战的雷达天线和电子设备也是军舰有别于民用船的一个标志。

军舰被认为是国家领土的一部分，在外国领海和内水中航行或停泊时享有外交特权与豁免权。

军舰中战斗舰艇种类最多，它又分为水面舰艇和潜艇两大类。水面舰艇包括：航空母舰、战列舰、巡洋舰、驱逐舰、护卫舰、护卫艇、鱼雷艇、导弹艇、猎潜艇、布雷舰、扫雷舰、登陆舰、两栖攻击舰等；潜艇则有攻击型潜艇和战略潜艇等。

辅助战斗舰艇又称勤务舰艇，主要用于战斗保障、技术保障和后勤保障，它包括：军事运输舰船、航行补给舰船、维修供应舰船、医院船、防险救生船、试验船、通信船、训练船、侦察船等。

军舰发展历经了数千年的时间，从桨帆船的冷兵器时代发展到核武器时代。军舰的造船材料从木质到铁壳再到钢铁装甲；动力从人工划桨和风帆动力发展到蒸汽轮机和核动力；武器装备则从冷兵器到火器，终至核武器。战斗方式的变化从最早的撞击、接舷白刃战发展到舰炮、鱼雷攻击，现代则使用导弹进行超视距攻击，军舰之间的战斗已经不再需要面对面的形式了。航空母舰的出现与发展则让海上战斗的形式起了根本性的变化。现代海战已经从水面变成水下、水面、空间的三维立体战争。

滚压按摩器模型

　　按摩是我国医学的一项传统医疗方式，具有简单易行、效果明显的特点，五花八门的按摩器已普及到千家万户。自己也可以制作一个简单的按摩器，体验一下按摩的功效。

准　备

　　饮料瓶盖、塑料瓶、自行车辐条、胶带、气门芯、锥子、钳子

制作过程

　　①做滚压轮。把两个瓶盖中间各扎一个小孔。

　　②用塑料瓶瓶体做内套，用胶带在两端各环绕一周，然后把两个瓶盖分别套在内套两端。

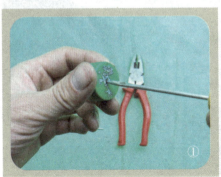

①

②

③将自行车辐条穿过上面做的滚轴，并在辐条两侧套上气门芯。

④用钳子弯折自行车辐条。

⑤安装上木柄，按摩器就做成了。

柯博士告诉你

这个小制作是一个简易的按摩器，它采用了滚动的形式，巧妙地利用带有凹凸不平的瓶盖作为按摩轮，增加了按摩轮对穴位的刺激效果，更好地发挥了按摩的功效。

相关链接

◎ 按摩

按摩，又称推拿，古称按硗、案机等，是我国劳动人民在长期与疾病的斗争中逐渐总结、认识和发展起来的。在原始社会，人们在生产劳动时或与野兽搏斗中，必定有一些外伤发生，出现疼痛，他们自然地用手去抚

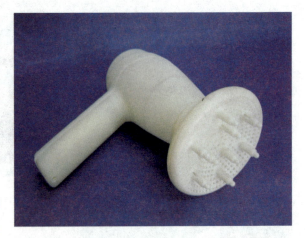

摸、按揉并逐步收到效果。人类本能地重复应用一些能够祛病的抚摸、按揉手法，经过时间的延续，这些手法得到积累和发展。约在几千年前，我们的祖先就为按摩奠定了基础，并逐步形成我国的按摩学科。从商代殷墟出土的甲骨文卜辞中可以发现，早在公元前14世纪，就有"按摩"的文字记载。

在中国古代文献《史记·扁鹊仓公列传》中说："上古之时，医有俞跗，治病不以汤药，酒而以桥引、案杌、毒熨等法。"这些记载中的"案杌""桥引"指的都是按摩。

《庄子》《老子》《旬子》《墨子》等的著作中也提到了锻炼及自我按摩的方法。《周礼疏》中记载的扁鹊治愈虢太子尸厥的医案，不仅说明这种综合性治疗产生的奇特效果，而且说明了按摩在临床应用中的重要作用。

秦汉三国时期的《皇帝内经》不仅记载了按摩的起源，而且指出了按摩的作用和应用。《素问·血气形志篇》说："形数惊恐，经络不通，病生于不仁，治之以按摩、醪酒。"这里指出了经络不通、气血不通，人体中的某个部位就会出现疾患，在治疗上可以用按摩的方法疏通经络气血，达到治疗的作用。在这个时期出现了我国第一部按摩专著。

当今，按摩与推拿吸收了现代医学的研究成果，以医学基础理论为指导，以各种手法技巧或器械为作用力，通过按摩直接作用于人体表面的特殊部位，产生生物物理和生物化学的变化，最终通过神经系统调节、体液循环调节以及筋络穴位的传递效应，达到舒筋活骨、消除疲劳、防治疾病，从而提高和改善人体生理机能的目的。

◎ 科学使用按摩器

近年来，随着人们生活水平的提高，各种各样的按摩器开始走进普通人家，大到按摩椅，小到按摩球，从头到脚应有尽有，商家在宣传中也将这些按摩器吹得神乎其神，仿佛是能治百病的宝贝。一些中老年人对此深信不已，甚至把其作为治疗疾病的"家庭医生"。消费者该如何理性选择、科学使用呢？

专家指出，按摩器虽然对身体有一定的理疗功效，但不可能完全代替医生来治疗疾病，消费者在使用时要走出误区。专家说，按摩器不是身体不舒服就躺上去按摩那么简单的事，首先，消费者在购买按摩器前，应先了解自身身体有什么病症或保健的目的是什么，然后在专业人士或医生的指导下进行有目的的购买。此外，在按摩时一定要把按摩器的触头对准自己相应的按摩穴位，否则适得其反，出现不良后果。同时，按摩时间一般每次不要超过45分钟，每天不要超过3次。

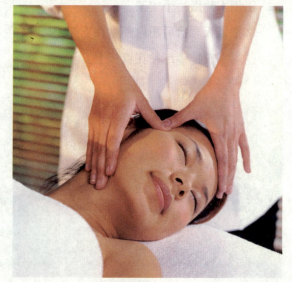

太阳能热水器模型

太阳能热水器已成为广泛普及的家庭用品。做一个太阳能热水器模型，可以更好地明白太阳能热水器收集太阳能，让太阳能服务人类的原理。

 准 备

纸板、锡纸、木片或木条、白胶、玻璃管或透明塑料管、剪刀、手工锯

制作过程

①用木片做一个支架。

②把纸板弯折后用白胶粘在支架上。

③用白胶把锡纸粘在纸板上。

①

②

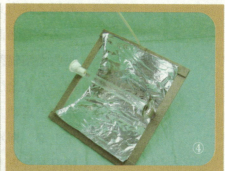

④调整纸板和锡纸的角度使其呈凹陷的弧形。

⑤锯两段和玻璃管等长的木片做支架，并用胶粘在支架的中部。

⑥在支架和纸板的背后安装一个可调节凹陷弧形角度的立杆。把玻璃管灌满水，放在支架上，调好凹陷弧形的角度，使玻璃管正好处在反光板反射阳光的焦点上。

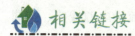 相关链接

◎ **太阳能热水器的工作原理**

太阳能热水器是一个光热转换器，区别于传统的自然太阳光的利用，如晾晒、采光等。

真空管是太阳能热水器的核心，他的结构如同一个拉长的暖瓶胆，内

外层之间为真空。在内玻璃管的表面上利用特种工艺涂有光谱选择性吸收涂层，用来最大限度的吸收太阳辐射能。经阳光照射，太阳能转化成热能，水从涂层外吸热，水温升高，密度减小，热水向上运动，而比重大的冷水下降。热水始终位于上部，即水箱中。太阳能热水器中热水的升温情况与外界温度关系不大，主要取决于光照。当打开厨房或洗浴间的任何一个水龙头时，热水器内的热水便依靠自然落差流出，落差越大，水压越高。

◎ 太阳能热水器也需要防雷

为了采热的需要，太阳能热水器往往被安装在屋顶无遮挡的高处。由于一些安装公司和用户缺乏防雷安全意识，安装过程并没考虑对太阳能热水器的雷击防护，使安装好的太阳能热水器留下雷击隐患，对使用者的生命财产安全构成威胁。

当太阳能热水器被雷击时，不但会将太阳能集热板击坏，还会使强大的雷电流沿电源线路、金属导管等路径进入室内，危及人身和财产安全。据气象部门提供的信息，有一些地方的太阳能热水器因防雷不当，遭雷击损坏。

为了安全使用太阳能热水器，必须提醒安装的专业人员，制作好热水器的防雷击技术处理。如安装合格的防雷击设备，安装电源线路的金属屏蔽保护等。

另外，在雷雨天最好不使用太阳能热水器。

◎ 如何延长太阳能热水器的使用寿命

为了延长太阳能热水器的使用寿命，用户在使用过程中应注意以下几点。

1.热水器安装固定好后，非专业人员不要轻易挪动、装卸，以免损坏关键元件。

2.热水器周围不应放杂物，以消除撞击真空管的隐患。

3.定期检查排气孔，保证畅通，以免胀坏或抽瘪水箱。

4.定期清洗真空管时，注意不要碰坏真空管的尖端部位。

5.冬季应预防管道冻裂，并保证排气管畅通。

6.有辅助电加热装置的太阳能热水器应特别注意上水，防止无水干烧。

拱桥模型

拱桥现已成为跨越大江大河的一道亮丽风景线，拱桥的原理，在几千年前就应用于桥梁建造了。

准 备

竹条或竹针、泡沫板、吹塑纸、美工刀、白胶、铅笔

制作过程

①用美工刀切一长条泡沫板做底板。

②截取两根竹条，弯曲其中一根，并把它粘在另一根上。把下面的竹条两端插进底板，上面的竹条保持平直。这就做成了下面的拱形，上面平直的是承重拱桥的基本形状。

③照此方法，把另两根竹条也插在底板上。

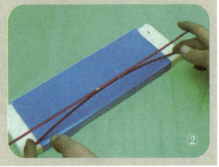

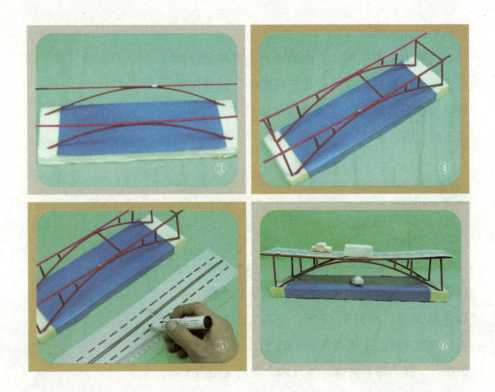

④截取几根等长的竹条，粘在这两组竹条中间。再比照平直竹条和拱形竹条间的不同距离，截取不同的竹条，粘在不同的位置。

⑤比照桥面宽度，用吹塑纸刻出桥面，并在桥面上画出隔离线。

⑥把桥面粘在桥架上面，再做几个小汽车放在桥面上，做一个船放在桥下面。

🏠 柯博士告诉你

这个拱桥模型是一种演示上承重拱桥的模型，取材简单、制作容易，但它却清楚的演示了

拱桥的设计原理。

这种上承重拱桥，上面的重力会直接加在拱形上，再由拱形把重力传送至两端的，这就能使桥底下的空间加大，在水道中建桥后不会影响水道上的交通。

◎ 赵州桥

中国现存最早并且保存良好的拱桥是隋代赵州安济桥，又称赵州桥。桥为敞间圆弧石拱，拱券并列28道，净跨37.02米，矢高7.23米，上狭下宽总宽9米。主拱券等厚1.03米，主拱券上有护拱石。在主拱券两侧，各开两个净跨分别为3.8米和2.85米的小拱，用以泄洪，减轻自重。桥面

呈弧形，栏槛望柱，雕刻着龙兽，神采飞扬。

赵州桥史建于隋开皇十五年（公元595年），完工于隋大业元年（公元605年），历时10年。

石桥建造距今已有1415年。赵州桥建造精良，结构独创，造型匀称美丽，雕刻细致生动，历代都对其予以重视和保护。

◎ 拱桥

拱桥是指以拱作为主要承重结构的桥梁。最早出现的拱桥是石拱桥，石拱桥是由许多类似梯形石头的小单位建成，它将桥本身的重量和加诸其上的载重，水平传递到两端的桥墩，各个小单位互相推挤时，也增加了桥体本身的强度。近现代的拱桥则更多的使用混凝土或钢材建造。

石拱桥的类型多种多样，由于历史的原因，古时建造桥梁的材料大都是木材和石块，因此古代的拱桥都是石拱桥。罗马的输水道系统和中国建于隋朝的安济桥都是著名的石拱桥。

用石料建造的拱桥，优点是外形美观，养护简便，可以就地取材以降低造价；缺点一是自重大，跨越能力有限，二是石料的开采、加工、砌筑均需要较多的劳动力，所以工期较长。一般石拱桥的跨径都很小。

到了近代，水泥和钢铁材料的应用及桥梁建造技术的发展，混凝土和钢材，解决了建造大跨度拱桥的困难，于是，混凝土拱桥和钢拱桥成为了跨越江河和海湾的彩虹。

用混凝土建造的拱桥，包括素混凝土和钢筋混凝土两类。其优点是加工和制造比石拱桥方便，工期短；缺点是由于混凝土抗拉强度很低，故其跨越能力小，且混凝土耗费量大，一般用于小跨径桥梁。

钢拱桥是上部结构用钢材建造的拱桥类型。其优点是跨越能力大，且自重是三种拱桥中最轻的；缺点是结构复杂、造价高，且维护费用高。

 鹰蛇斗模型

平衡是指物体或系统的一种状态。处于平衡状态的物体或系统，除非受到外界事物的影响，否则它本身不会有任何自发的变化。

当平衡受到外力的影响时，就会遭到破坏。一旦平衡的条件恢复时，物体的平衡状态也会恢复。

准　备

螺丝垫片、饮料瓶、吹塑纸、马口铁片、剪刀、锥子、笔、胶带纸

制作过程

①在吹塑纸上画出鹰的图案，注意，鹰的两个翅膀形状应是对称的。

②在鹰的翅膀上端适当处用胶带纸分别对称地粘上螺丝垫片。

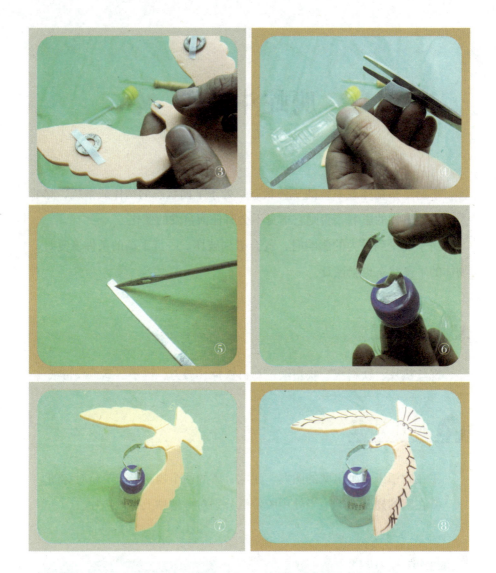

③用马口铁片剪出一个尖形的鹰嘴，并安装在鹰的头部。

④用马口铁片剪出一个长条，并在长条的另一端剪出一块略小于饮料瓶盖的方形。

⑤在条形铁片较窄的一端，用锥子扎一个小孔。

⑥剪去饮料瓶的下部，用饮料瓶的上部做底座，把铁片弯折后，把铁片较宽的一端用胶粘在饮料瓶的盖上。

⑦把鹰放置在铁片弯折的顶端，将鹰的尖嘴放在弯折铁片顶部的小孔上。

⑧把老鹰美化。一个鹰蛇斗就做成了。

相关链接

◎ 走钢丝

"走钢丝"是我国具有悠久历史的杂技节目之一。看过杂技"走钢丝"的人，都会赞叹表演者的精湛技艺。他们在钢丝上如履平地，灵活轻捷地做出各种惊险和优美的动作，赢得观众们一阵阵的掌声。

杂技演员走在钢丝上为什么不会摔下来？

我们知道，不管任何物体要保持平衡，物体的重力作用线（通过重心的竖直线）必须通过支面（物体与支撑着它的物体的接触面）；如果重力的作用线不通过支面，物体就保持不了平衡。

根据上面这个物体平衡的条件，就要求在钢丝上的杂技演员始终使自己身体重力的作用线通过支面——钢丝。由于钢丝很细，给人的支面极小，人体很难让自己身体的重心恰巧落在钢丝上，所以杂技演员随时有掉下去的危险。

杂技演员表演走钢丝时，必须伸开两臂左右摆动来掌控身体的重心。不仅如此，演员还要对

平衡的反应极其灵敏，在身体不平衡的一刹那，立即摆臂调整重心，恢复平衡。

你见到过吗，有的杂技演员在表演走钢丝时，手里还拿着竹竿、花伞、彩扇或者其他东西，你千万别以为这些东西是表演者多余的负担，恰恰相反，这些都是演员拿着作为帮助身体平衡的辅助工具，它们起到了"延长手臂"、调整平衡的作用。

◎ 不倒翁

上轻下重的物体比较稳定，也就是说物体的重心越低越稳定。当不倒翁在竖立状态处于平衡时，重心和接触点的距离最小，即重心最低。偏离平衡位置后，重心总是升高的，这种状态的平衡是稳定平衡。所以不倒翁无论如何摇摆，总是不倒的。

◎ 生活中增加稳定性的方法

在生活中为增加物体的稳定性，我们常采用增加物品底部重量的方法，如电扇底座、话筒架、公共汽车站牌等，下面的底座都加了配重铁块，使整个物品的重心下降，增加了物品的稳定性。

有一些小摆设也是利用重心平衡的原理，如：我们前面做的鹰蛇斗就是一个利用重心平衡原理的小摆设。利用重心这种特点，还可以做许多有趣的

实验和解释一些现象。我们可以做一个跟头虫，把一粒胶囊打开，装入一个小滚珠，即可来回翻跟头。我们常见的比如一个盒子只有一部分放在桌子上，却不会掉下去，这是因为盒子靠桌子的一头，是"重心"所在，所以虽然盒子悬空，但不掉下来。

有时，我们不注意重心平衡，往往会给我们带来一些麻烦，如：在有些物品装车时，因物体较轻便，就把车装得很满、很高，结果车子因货物过高而使车子的重心上移，稳定性降低了会在行驶中造成颠覆的后果。

有时，客车因超员，人们需要站在车内，这就降低了客车的稳定性，因此，客车在这种情况下容易发生事故。

蒸汽机车模型

　　19世纪随着蒸汽机车的出现，世界的交通运输进入了铁路时代。经过了一百多年以后，蒸汽机车这项发明已走进了博物馆。不过，铁路这种便捷、快速、经济的运输方式，又得到了新的发展。

　　蒸汽机车模型变成了人们用于学习科学知识和收藏的珍品，它在传递着人们对这一伟大发明的敬仰情怀。

准　备

　　吹塑纸或彩纸、易拉罐、塑料瓶盖、泡沫板、细白沙或泡沫板细碎削、木条或方便筷、快干胶、广告色、剪刀、美工刀、纸盒

制作过程

　　①用剪刀按纸盒面大小剪下吹塑纸并粘在纸盒上，做成蒸汽机车驾驶

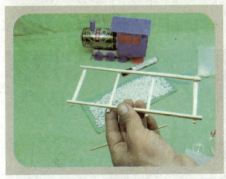

室。

②把泡沫板切割成长方形，再把驾驶室粘在上面，组成车体。

③用易拉罐做机车锅炉粘在车体上。

④剪下一块吹塑纸，对车体进行装饰。你还可以用其它材料继续对车体进行装饰，当然越像越好。

⑤在车体上粘上瓶盖，这就为它装上了车轮。

⑥把细白沙撒在吹塑纸上，用胶固定。

⑦用方便筷粘出轨道，再粘在路基上。

⑧把组装好的机车用胶粘在轨道上。

相关链接

◎ 蒸汽机车

蒸汽机车是利用蒸汽机，把燃料的热能变成机械能，而使车体运行的一种机车，它主要由锅炉、蒸汽机、车架走行部和煤水车四大部分组成。

蒸汽机车一般分为客运机车、货运机车、调车机车三种。

第一部蒸汽机车是由英国人史蒂芬逊（1781—1848年）制造的。1814年，他研制的第一辆蒸汽机车"布拉策号"试运行成功。1825年9月27日，史蒂芬逊亲自驾驶他同别人合作设计

制造的"旅行者号"蒸汽机车在新铺设的铁路上试车，并获得成功。蒸汽机在交通运输业中的应用，使人类迈入了"火车时代"，迅速的扩大了人类的活动范围。蒸汽机车在20世纪中开始被内燃机车所取代。

印度曾经大量使用蒸汽机车，但现在它们只会在空气稀薄的山区运行。

◎ 中国第一台蒸汽机车

1880年，中国第一条标准轨距铁路唐胥路修竣，与此同时，胥各庄修车厂已开始制造机车。当时原料缺乏，设备简陋，机车车架是用煤矿旧井架的槽铁制作的，锅炉是用废旧起重机上的锅炉改制的，车轮则是用生铁制成的，这成为了中国第一台机车。这台机车高约3米，宽2.5米，长约6米，重约10吨，既无导轮，又无后轮，只有三对动轮，时速30公里，牵引能力达百余吨。机车两侧各镶嵌了一条用黄铜镌刻的飞龙，所以称之为"龙号"机车。

中国曾经是全球最后一个制造大型蒸汽机车的国家，位于山西的大同车厂一直生产蒸汽机车至1988年，2005年12月9日，在内蒙古大板附近的铁道边上，最后一列蒸汽机车执行完任务后，见证了蒸汽机车退出历史舞台的最后一刻。

电动压路机模型

　　如果有损坏了的四驱车或其他有四只轮子的玩具汽车，把它改装成一辆压路机是不错的主意，在改装模型的过程中你一定会感到其乐无穷、受益匪浅。

准 备

　　废旧的玩具车小电机、变速箱、小车轮、电池、电池盒、小块层板、塑料管、易拉罐、铁片、铁丝、微型开关、快干胶、铅笔、手工锯、美工刀、剪刀、锥子

制作过程

　　①在层板上画出200毫米×60毫米的长方形车体架。

　　②用手工锯将车体架锯下，并用胶粘上车轴套，粘成L形车体架。

③用塑料管做轴套，将轴套粘在车体架上。

④从变速箱上拆下齿轮、车轴、车轮。再把齿轮装在轴套中间，然后安装两个车轮。

⑤把小电机粘在车体板上，使电机轴上的齿轮和车轴上的齿轮咬合。

⑥在车体上安装电池盒和微型开关，并用导线将电机、电池盒、微型开关连接。

⑦把易拉罐从中间剪开。

⑧找出易拉罐上下圆面的圆心，用锥子扎出一个小孔做压路机的滚轮。

⑨在马口铁上剪出一个10毫米的小条。

⑩把两条等长的薄铁条分别在两端适当的地方钻出安装孔然后弯折，分别固定在滚轮轴和车身的两侧。

⑪用粗铁丝作为滚轮轴，把易拉罐做的滚轮安装在薄铁条做的滚轮架上。

⑫电动压路机模型就制作成功了。接通线路，马达轴转动，带动变速齿轮，压路机就能慢慢地前进了。

相关链接

◎ 压路机

压路机在工程机械中属于道路建造设备的范畴，广泛应用于高等级公路、铁路、机场跑道、大坝、体育场等大型工程项目的填方压实作业，可以碾压沙性、半粘性及粘性土壤，路基稳定土及沥青混凝土路面层。种类按照压实原理可分为静碾压压路机、振动压路机、冲击压路机三种；按照碾压表面材质及形状可分为单钢轮、双钢轮、羊脚轮、橡胶轮压路机四种。

◎ 轮胎式压路机

轮胎式压路机的碾轮采用充气轮胎，一般装前轮3~5个，后轮4~6个。如改变充气压力可改变接地压力，压力调节范围为0.11~1.05兆帕。压

实过程有揉搓作用，使压实层颗粒不被破坏地相嵌，均匀密实。机动性好、行速快（可达25公里/时），用于道路、飞机场等工程垫层的压实。

◎ **冲击式压路机**

冲击式压路机不同于传统的静碾压实、振动压实和打夯机压实的基本原理和结构，而是集这三种压实功能于一身的一种新型压实设备，传统的静碾压路机、振动压路机的压实轮都是圆柱形的，在动力的带动下，连续在地面上滚动，靠自重或带振动（以低幅高频率振动碾压）使被作用体（地面）压实，其压实深度和压实影响深度都不大。冲击式压路机，其压实轮表面是由几条凸轮曲线组成的非圆柱体表面，根据其压实轮的曲线条数不同可分为三边弧形、四边弧形、五边弧形等形式。

空气桨竞速小车模型

橡皮筋可以储能，当释放能量时就能把小车模型驱动。做一个这样的竞速小车是很容易的，我们来做一个试一试吧！

准　备

方便筷、玩具空气桨、塑料管、橡皮筋、饮料瓶盖、铆钉、铁丝、快干胶

制作过程

①用橡皮筋将方便筷缠绕成一个三角椎体的车体架。注意，橡皮筋要绕紧。

②在车体架前面的底部，将塑

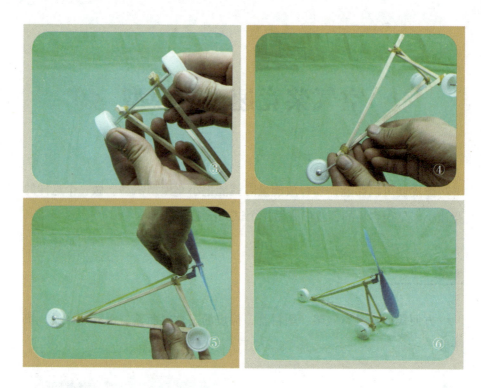

料管穿过缠好的橡皮筋做轴套。

③在塑料瓶盖中心处钻孔，并把铆钉镶入孔中，把车轴插进铆钉孔中，用胶固定。

④把铁丝做成的车轴穿过轴套，安装车轮，并在车轮外侧加上限位车轮档。

⑤用铁丝穿过另一只车轮，弯折车轴插进车体后部的橡皮筋套内。

⑥安装上橡皮筋和空气浆。

⑦绕紧螺旋浆，拧紧橡皮筋，当松手后螺旋浆会飞快地旋转带动小车前进。

🏠 柯博士告诉你

这是一个利用橡皮筋储能，再释放能量推进小车前进的小车模型。

小车的结构是三只车轮，因此，三个车轮的着地点是一个等腰三角形，要想使小车的方向不偏离，那么就必须保证连接车轮的这个三角形是等腰三角形。

要保证小车的速度，还要保证橡皮筋的储能值，储能越多，释放的能量就会越多，因此，橡皮筋的绕圈数量越多就会储能越多，但是，必须保证不能超过橡皮筋的疲劳程度，否则，橡皮筋会被拉断。

相关链接

◎ 提高小车速度的方法

首先要保证小车行驶的方向性，这样才能保证直线前进，因为一个点与直线的最短距离，就是这个点向直线作垂线的距离；另外要注意橡皮筋的使用。至少要做到以下几点：

1. 由于小车是三个车轮，因此必须保证着地点的前轮和后两个车轮在等腰三角形的三个顶点上。

2. 后两个车轮和前一个车轮的行走轨迹线必须是平行的，就是每个车轮都必须垂直于车轴。

3. 空气桨安装时，必须保证空气桨的拉力线与前轮

的车轮轨迹线重合，并垂直于后两个轮子的车轮轴。

4.发挥橡皮筋的最大功效。绕橡皮筋时注意橡皮筋的圈数尽可能地多一些；在使用前要做好橡皮筋的拉伸预绕，以从中选优。

◎ 给你一个好主意

这个小车的制作很简单，有时因橡皮筋的质量或冲击，可能发生车体的支架变形，甚至解体。为了增强车架的牢固性，可以不用橡皮筋扎紧的连接方法，而是用线扎后涂强力胶的方法连接车体，这样车体会更加坚固。

◎ 科学使用橡皮筋

橡皮筋也需要"磨合"。

橡皮筋在正式使用前要进行"预绕"。因为橡皮筋生产压炼过程中内部的化学、物理结构不可能完全均匀，这种不均匀

会使弹性不均匀，如果在这种情况下立即大力使用，有些局部会先行达到极限而发生断裂。打个比方，初和的面拉不出面条，经过反复和面，面才逐步变得柔韧，能拉出又长又细的面条，预绕橡皮筋的道理和这相似。预绕的方法是：首先从短到长拉伸橡皮筋束；然后从低转到高转绕放，每次增加100转左右，直到接近最大转数。

绕橡皮筋不要超过极限。各种橡皮筋都有自己的拉伸极限。在拉伸极限前弹性好、储能多、安全、残余变形小；超过极限后弹性差、储能增加不多、残余变形大，最主要的是容易断裂。科学的方法是留有余地，接近而不达到极限转数，这样不但安全、高效，还能延长橡筋的使用寿命。

反作用力喷气车模型

　　我们听说过喷气式飞机，可喷气小车你就没有听说过了吧。其实这是一种很简单的小车模型。

　　这种小车模型是用废旧的、强度较好的纸盒和玩具车的小车轮来制作的，这种小车的动力是由一个小气球产生的反作用力给予的。现在来做一个试试吧！

准 备

　　废旧小车轮或饮料瓶盖、纸盒、圆珠笔、气球、纸板、剪刀、白胶、胶带、锥子、纸板

制作过程

　　①把纸板贴在纸盒纵向的两侧内壁上，以增加纸盒的硬度。然后，在

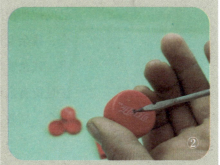

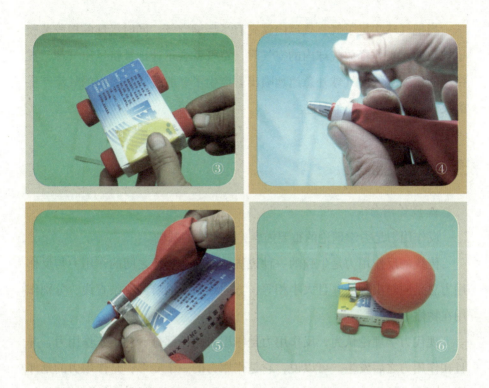

纸盒的两壁上钻孔。

②在作为车轮的饮料瓶盖上钻孔，以安装车轴。

③把车轴插进车体相应的小孔中，然后，在车轴两端安装车轮。

④用纸板做一个气球的固定架，用白胶粘在车体的适当位置上。

⑤截取圆珠笔的笔杆前半部做喷嘴，把它插进气球，使它的尖头部分朝外，再用胶带扎紧接触部位。

⑥将喷嘴插进气球支架，喷气小车模型就做好了。

柯博士告诉你

这个纸盒做的小车模型是一种有动力的小车模型。它的动力就是反作用力，动力源当然就是气球了。

当把气球吹足了气，气球内就充有了压缩空气，同时气球的橡胶薄膜也被拉伸。当你释放气球内的空气时，空气就会迅速地被挤压出气球，被挤压的压缩空气向气球外急速地喷出就产生了一股气流，喷出的气流产生的反作用力推动了小车前进。

相关链接

◎ 反作用力

反作用力是力学理论的重要内容，是力学的基础。

传统的反作用力是牛顿的一种说法，即两个物体之间的作用力与反作用力总是同时出现，并且大小相等、方向相反，沿着同一条直线，分别作用在物体上。

现代力学理论认为，反作用力是作用力的一部分，它小于作用力，并且在作用力之后发生。可以说，它是作用力的一个变形，是作用力的延伸部分，或者转弯部分。它又是作用力的分散部分，如果加上被作用物体的形变、分子波动、空间移位的几个分支，它们就等于作用力总和了。

比如，打台球的时候，碰到台壁而弹向另一个方向的球，它并没有获得相等于它给台壁的同等力量的反作用力，它剩下的力量是自己动能的残余部分。由于台壁没有吸收完它所有的动能，所以，还可以继续运动。并且，如果我们把这折回的能量加上台壁消耗的能量，就等于这个球没有碰到任何障

碍时的直线运动长度需要的能量。

◎ 喷气式飞机

　　飞机刚刚面世时，都带有一个或几个螺旋桨，螺旋桨飞机的飞行速度、高度都受到了限制。随着航空业的不断发展，世界上许多飞机设计师都在探索使飞机飞得更快的办法。为了研发更快速度的飞机，人们开始进一步的研究。在20世纪40年代，英国和德国都先后研究出喷气式飞机。喷气式飞机所使用的喷气发动机靠燃料燃烧时产生的气体向后高速喷射的反冲作用力，使飞机向前飞行，它可使飞机获得更大的推力，飞得更快。特别是在1万~2万米空气比较稀薄的高空，喷气发动机更有着螺旋桨活塞发动机所无法比拟的优越性。

　　世界上最早提出喷气推进理论的是法国的马克尼上尉和罗马尼亚的亨利·康达。亨利·康达还在1910年前后试制过最早的喷气式飞机，但未能成功。

　　20世纪20年代末，时任英国空军教官的弗兰克·惠特尔提出了喷气发

动机的设想，并于1930年申请了专利，但当时惠特尔的设想听起来就像把人送上月球一样令人难以置信，飞机制造商们对此不感兴趣。直到1935年，事情才有了转机，惠特尔得到一些空军人士的支持和银行家的资助，得以成立"动力喷气有限公司"。1935年6月，惠特尔开始设计制造真正的喷气发动机，他和同事们一起从零开始，一个部件一个部件地研制，终于制造出了第一台涡轮喷气发动机。

几乎与惠特尔同时，德国的冯·奥亨也在研制涡轮喷气发动机，并在1937年9月使发动机第一次运转成功。由于得到亨克尔飞机公司的支持，装有冯·奥亨研制的涡轮喷气发动机的飞机于1939年8月27日首次试飞成功，成为世界上第一架喷气式飞机。这标志着人类航空史进入了喷气飞行时代。

电动空气桨小车模型

下面要做的这辆小车模型是靠小电机驱动的，不过，小电机并不直接驱动车轮，而是电机驱动螺旋桨，由螺旋桨产生推力，使小车前进的。

准　备

玩具电动机、电池、磁带盒、玩具小车的轮子、易拉罐、自行车辐条、剪刀、玩具空气桨、强力胶、小开关（和玩具小车上的相同）、手摇钻、电池盒

制作过程

①制作车体。先在磁带盒两侧的中部先用笔做个记号，再用手摇钻打4个小孔。如果没有手摇钻的话，也可以用钳子夹住铁钉在蜡烛上烧热后

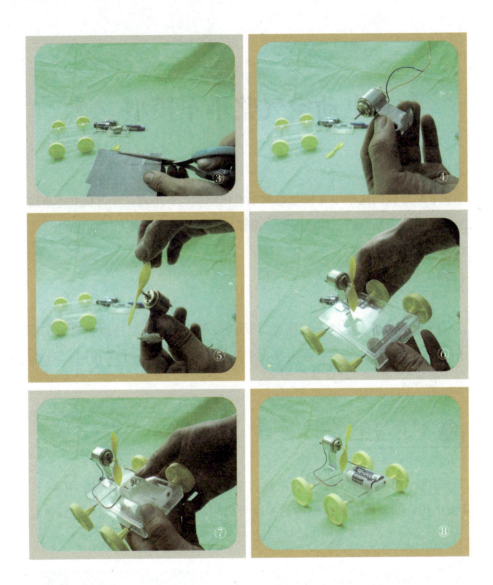

烫出4个小孔。

　　②把自行车辐条锯取适当的长度插进小孔做

车轴，并在两侧安装上车轮。

　　③用易拉罐外皮剪出一个电机固定架。

　　④用固定架把小电机包住。

⑤在小电机的转子上安装空气桨。

⑥把电机架用胶粘在磁带盒做的车体上。

⑦把电池盒用胶粘在车体上，连接导线。

⑧装上电池，按动开关，空气桨就会转动，小车也会前进。

 柯博士告诉你

是什么力让小车前进的呢？当螺旋桨转动时，搅动空气把空气向前推，给空气一个向前的力，这样小车就会获得一个反作用力，所以小车就会向相反的方向前进了。螺旋桨搅动空气的速度越大，获得的反冲力就会越大，小车运动的速度就会越快，直升机就是利用这个原理升空的。

相关链接

◎ 直升机

直升机主要由机体和升力、动力、传动三大系统以及机载飞行设备等组成。旋翼一般由涡轮轴发动机或活塞式发动机通过由传动轴及减速器等组成的机械传动系统来驱动，也可由桨尖喷气产生的反作用力来驱动。目前实际应用的是机械驱动式的单旋翼直升机及双旋翼直升机，其中又以单旋翼直升机数量最多。

直升机的最大速度可达每小时300公里以上，俯冲极限速度近每小时400公

里，使用升限可达6000米，一般航程可达600~800公里左右，携带机内、外副油箱转场航程可达2000公里以上。根据不同的需要直升机有不同的起飞重量，当前世界上投入使用的重型直升机最大的是俄罗斯的米-26（最大起飞重量达56吨，有效载荷20吨）。

直升机的突出特点是可以做低空、低速和机头方向不变的机动飞行，特别是可在小面积场地垂直起降。由于这些特点使其具有广阔的用途及发展前景。在军事方面已广泛应用于对地攻击、机降登陆、武器运送、后勤支援、战场救护、侦察巡逻、指挥控制、通信联络、反潜扫雷、电子对抗等。在民用方面应用于短途运输、医疗救护、救灾救生、紧急营救、吊装设备、地质勘探、护林灭火、空中摄影等。海上油井与基地间的人员及物资运输是民用的一个重要方面。

目前直升机相对飞机而言，振动幅度和噪声较大，维护检修工作量较大，使用成本较高，速度较低，航程较短。直升机今后的发展方向就是要在这些方面加以改进。

◎ 武装直升机

武装直升机就是装有武器并执行作战任务的直升机，亦称攻击直升机或强击直升机。主要用于攻击地面、水面和水下目标，为运输直升机护航，也可与敌机进行空战。具有机动灵活，反应迅速，适于低空、超低空抵近攻击，具有能在运动和悬停状态开火等特点，多配属陆军航空兵，是航空兵实施直接火力支援的新型机种。武装直升机可分为专用型和多用型两种。专用型武装直升机是专门为进行攻击任务而设计的，其机身窄长，机舱内只有前后或并列乘坐的两名乘员（甚至一名乘员），作战能力较强；多用途武装直升机除用来执行攻击任务外，还可用于运输、机降、救护等。反坦克作战是武装直升机的主要用途之一，因此武装直升机又被称为"坦克杀手"，它与坦克对抗时，在视野速度、机动性及武器射程等诸方面明显处于优势地位。舰载武装直升机还可扩大舰艇或舰队的作战范围，增强作战能力。武装直升机一般携带机枪、航炮、炸弹、火箭和导弹等多种武器，最大平飞时速300千米以上，续航时间2~3小时。武装直升机广泛用于现代局部战争，在战争中发挥了重要作用，受到世界各国的关注。

电动直线竞速赛车模型

电动直线竞速小赛车是以玩具电机为动力的竞速玩具小赛车，用电池供电，驱动小电机转动，直接带动动力轮旋转，使小车奔跑，这种小车可以进行直线竞速比赛。

准 备

方便筷、电池夹、薄铁片、旧玩具车轮、自行车辐条、废旧圆珠笔芯、快干胶、微型开关、剪刀、橡皮筋

制作过程

①将废旧圆珠笔芯比照车轴的长短，剪去多余部分，做成车轴套。
②比照车轴套，截取适当长短的方便筷做车后桥。

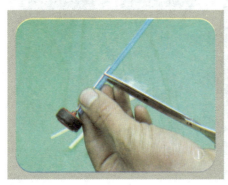

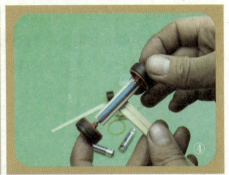

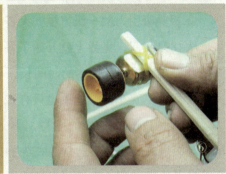

③把车轴套用快干胶粘在后桥上。

④安装后轮，再把后桥粘在车体纵梁上。

⑤在小电机底部涂上快干胶，粘在车纵梁前端，并用橡皮筋套上。

⑥在小电机轴上装上车轮。

⑦连接小电机和电池盒的导线，电动直线竞速小赛车就做成了。

柯博士告诉你

这是一个直线竞速的三个轮的小车，为了使车子达到最理想的速度且保持直线行驶，就要在制作时保证车体较轻，三个车轮的着地点构成一个等腰三角形，这样，才能使车子达到最理想的速度，并保持直线行驶。如果车子不按直线行驶，就要调整后桥。另外注意，如果电机倒转就要调换电机的接线。

相关链接

◎ 极具吸引力的一级方程式大赛

从1894年起，世界上就开始了各种各样的汽车比赛，最吸引人的要数一级方程式大赛，其比赛的时间长、场地多、观众多，但参赛的选手却很少，只有11支赛车队，选手也只有22位。

F1就是Formula One的缩写，中文叫作一级方程式大赛，是方程式赛车中等级最高的比赛，通常约在3月中旬开赛，10月底结束赛季。每站比赛可吸引超过10亿人次通过电视转播或其他媒体观赏这项世界顶级赛事。

所谓"方程式"赛车是按照国际汽车运动联合会（FISA）规定标准制

造的赛车。这些标准对赛车的车长、车宽、车重、发动机的功率、排量、是否用增压器以及轮胎的尺寸等技术参数都做了严格的规定。

国际汽车运动联合会要求F1赛车采用排量为3L、12缸以下、不加增压器的自然吸气式发动机。F1赛车的底盘采用碳化纤维制造，重量很轻、很坚固。赛车的底盘很低，最小离地间隙仅有50~70毫米。

每辆F1赛车都是世界著名汽车厂家的杰作。一辆这种赛车的价值超过七百万美元，不亚于一架小型飞机的价值。F1汽车大赛，不仅是赛车手驾驶技术、勇气和智慧的竞争，在其背后还进行着各大汽车公司之间科学技术的竞争。在大赛中推出的新型赛车，从设计到制造都凝聚着众多研制者的心血，并代表着一家公司乃至一个国家高科技的最新水平。

大赛还是各国科技人才素质的较量。据悉，德国约有2000多名专业人才直接从事赛车的研究、设计和制造工作，美国约有10 000人，而日本则最多，估计近20 000人左右。

F1大赛每年都要选择地理条件迥然不同的16个赛场。他们有的在高原上，那里空气稀薄，用以考验车手的身体素质；有的则是街道串成的赛道，那里路面相对狭窄曲折，车手弄不好就会撞车；有的赛车场路面宽阔，但上下坡很多，考验车手的技术；还有的赛车场建在树木葱郁的森林中，那里跑道起伏大，车手很难控制赛车。F1比赛的计时、裁判等设施都极具现代化。第一组系统设施位于起点处，是一组红外线感光装置，就是

　　在赛道的两侧分别安装红外线发射与接受装置，每当赛车经过的时候，红外线就会被阻挡，这时系统会与第二组测速系统比较，分析是车手还是工作人员经过，以及车手的车号，圈速等等。

　　第二组系统设施由两个部分组成，包括赛道各个计时点的感应器和安装在赛车上面的发射器，赛车每经过计时点，感应器都会记录下车手的速度、通过计时点的时间，因为每辆赛车采用不同的发射频率，所以一般不会出现混淆的情况，它直接和第一套系统交换数据，得出车手每一刻的成绩。第三组系统是应急系统，是一部高清晰度照相机，位于终点线处，每秒可连拍100张照片，用来解决诸如同时冲线之类的纠纷。

简易自航帆船模型

帆船是人们利用自然风的古老的船舶之一。自古以来，帆船都是人们的水上交通工具，直至现在，帆船虽退出了水上交通的舞台，但人们还在利用风力做着不懈的努力与尝试。

准 备

易拉罐、三合板、泡沫板、木条或筷子、螺丝垫、快干胶、螺丝、螺母、大头针、圆珠笔芯、棉纸、剪刀、手工锯、美工刀、笔

制作过程

①在泡沫板上画出甲板的平面图。
②用美工刀沿着加工线把泡沫板切割成船体。

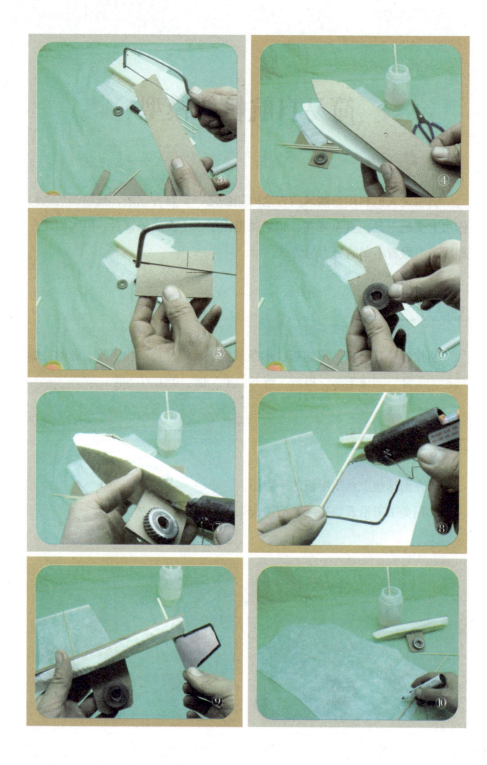

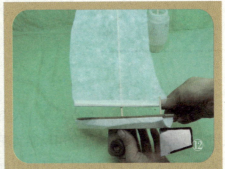

③比照船体，用三合板画出甲板图样，再做一个甲板。

④把锯出的甲板粘在船体上。

⑤用三合板画出稳定版的图样，并用锯锯下。

⑥在稳定板上粘上螺丝垫做配重。

⑦在船体下面中心线的重心位置刻出一道槽，并把稳定板插进槽里，用胶粘牢。

⑧在易拉罐铁皮上画出一个舵，然后粘在方便筷做的舵杆上。

⑨在船体底下钻一个孔直至甲板，把船舵杆穿进去并粘牢。

⑩用棉纸做一个帆，并在上面粘上木条作为驶风杆。

⑪加上帆顶肋板，再加上一根桅杆。

⑫在船的甲板上钻一个孔，把桅杆插进孔中并粘牢。

⑬帆船做好了，把它放在水中试航吧！

相关链接

◎ 帆船

风是一种能量，自古以来，人类就发现并利用风做动力。风车就是利用风能实现做功的机械装置，而人类使用风帆是人类利用自然风能的又一重大成果。

据考证，8000年前，古埃及尼罗河上，即有用芦草束成的船筏，这种船筏可能就是现代帆船的前身。

风帆的使用，大约起源于居住在大海和江河区域的古代人类。公元2世纪，地中海各国因军事需要，制造出以奴隶摇桨吆喝，并配合小风力风帆推进的战舰。

公元8世纪以后，海上贸易发展，侧风航行的罗马商船应运而生。

公元13世纪，西班牙人和葡萄牙人开始建造一种轻帆船，起初主要用作渔船，由于性能良好，不久就广泛应用于其他方面。

15世纪初期，郑和率领庞大船队七次出海，到达亚洲和非洲30多个国家。迪亚斯于

1488 年发现好望角，哥伦布 1492 年发现新大陆，达·伽马 1498 年穿过印度洋到达亚洲，麦哲伦 1519—1522 年间完成第一次环球航行，用的都是这种帆船。

自蒸汽船出现以后，帆船因风力、风向的局限性以及动力不足的原因，渐渐退出大海的黄金水道。

到了现代，由于能源危机，科学家们又试图开发利用风能的现代

帆船。至今，已有许多成果给人类传来了喜讯，科学家们已经成功实验了借助风力的风筝船，和不受风向影响的垂直轴硬帆帆船。据悉，不久以后使用风帆的新一代帆船一定会恢复昔日的辉煌。

◎ 帆船运动

帆船是水上运动项目之一。帆船比赛是运动员驾驶帆船在规定的场地内比试速度的一项运动。

帆船运动中，运动员依靠自然风力作用于船帆上，驾驶船只前进，是一项集竞技、娱乐、观赏、探险于一体的体育运动项目。它具有较高的观赏性，备受人们喜爱。现代帆船运动已经成为世界沿海国家和地区最为普及而喜闻乐见的体育活动之一，也是各国人民进行体育文化交流的重要内容。

经常从事帆船运动，能增强体质，锻炼意志力。特别是在海浪、气

象、水文条件的不断变化中迎风斗浪，能培养战胜困难、挑战自我的拼搏精神。

　　帆船起源于欧洲，其历史可以追溯到远古时代。帆船是人类与大自然做斗争的一个见证，帆船历史同人类文明史一样悠久。帆船作为一种比赛项目，最早的文字记载见于1900多年以前古罗马诗人味吉尔的作品中。到了13世纪，威尼斯开始定期举行帆船比赛，当时比赛船只还没有统一的规格和级别。

　　我们今天的帆船运动起源于荷兰。古代的荷兰，地势很低，所以开凿了很多运河，人们普遍使用小帆船运输或捕鱼。这种小船是由一棵独木或木排、竹排编制而成的，是世界上最早的帆船。

　　1662年，英王举办了一次英国与荷兰之间的帆船比赛，比赛路线是从格林威治到格来乌散德再到格林威治，这是早期规模较大的帆船比赛。18世纪，帆船俱乐部和帆船协会相继诞生。1720年前后，英、美、瑞典、

德、法、俄等国家先后成立了帆船俱乐部或帆船竞赛协会，各国之间经常进行大规模的帆船比赛。如1870年美国和英国举行了第1届著名的横渡大西洋"美洲杯"帆船比赛，1900年举行了第一次世界性的大型帆船赛。

1906年，英国的史密斯和西斯克·史坦尔专程去欧美各国与帆船领导人商谈国际帆船的比赛等级和规则，并提议创立国际帆船竞赛联合会。1907年，世界第一个国际帆船组织——国际帆船联合会正式成立。国际帆联全称 International Sailing Federation，简

称"ISAF"。"ISAF"是世界上最大的单项体育联合会之一，现有122个会员国（或地区），管辖了81个帆船级别。"ISAF"下设国际残疾人帆船运动联合会（IFDS），从事残疾人帆船运动。

压缩空气喷水快艇模型

被压缩的空气有力量，利用压缩空气可以推进快艇模型前进，这里向你介绍一艘压缩空气快艇模型，亲自动手做一艘吧！

准 备

饮料瓶、自行车气门芯、泡沫板、方便筷或细木条、竹条、胶、美工刀、锥子

制作过程

①在饮料瓶盖上钻一个能穿进气门芯管的小孔。

②把气门芯管插进小孔，并用胶粘牢。

③用美工刀把泡沫板切成100毫米×40毫米的长方形块，并削成纺锤形浮体。照此办法制作3个一样大的纺锤体。

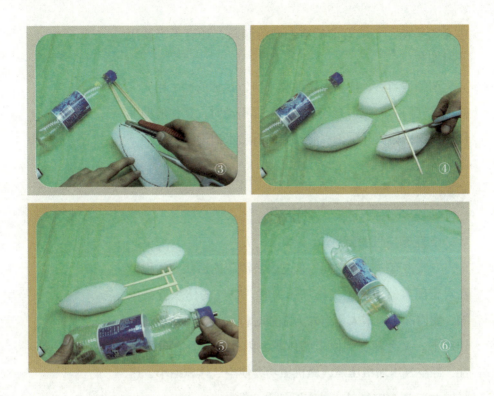

④把两根长150毫米的筷子两头分别削尖，平行地插进两个浮体中，使两个浮体连接在一起。这是艇身两侧的后浮体。

⑤把另两根长220毫米的筷子两端分别削尖，平行地插入另一个浮体中，并把前浮体的两根筷子的尾段搭在后浮体的两根筷子上，涂上胶粘牢。

⑥把饮料瓶用橡皮筋套在浮体连接的筷子上，并涂上胶粘牢。注意，艇身前浮体的连接筷子和后两个附体的连接筷子相交角要相互垂直。

柯博士告诉你

把动力喷水器放在艇身上，用两条橡皮筋扎紧。拧开瓶盖，将瓶子灌进半瓶水，然后把盖拧紧，把小艇放在水面上观察小艇是否平衡，三个纺锤形浮体的中心线和喷水器的中心线必须平行；船体艇身在水面上也必须平衡，不能有前后或左右的倾斜，如有不当就应及时调整。

调整适当后，你用手堵住喷水口，让你的助手用充气筒通过气门芯向瓶内充气，当瓶壁捏不动时，让你的助手停止充气，你放开手，汽艇就会向后喷水前进。

 **相关链接**

◎ 压缩空气的新用途

空气占有一定的空间，但它没有固定的形状和体积。在对密闭容器中的空气施加压力时，空气的体积就被压缩，使内部压强增大。当外力撤消时，空气在内部压强的作用下，又会恢复到原来的体积。因此空气具有可压缩性，经空气压缩机压缩或做机械功会使空气体积缩小、压强增大。压缩空气是一种重要的动力源。

我们经常看到，压缩空气被用在石油、化工、冶金、

电力、机械、轻工、纺织、汽车制造、电子、食品、医药、生化、国防、科研等行业和部门。

生活中，球类和救生圈的充气、汽车自动门的开闭、汽锤等等，都是利用压缩空气的原理来制成并使用的。

最近，德国、美国等的工程技术人员利用压缩空气为风电储能，以解决因风力在不同时段的强弱而给发电带来的不稳定状况。莱茵—威斯特伐利亚发电厂与美国通用电气公司计划建设一种压缩空气蓄能发电站，它会在风力大、风力发电站的发电能力供大于求时，利用这种风能电力抽入并压缩空气，之后将其挤压入地下的岩层洞穴。也会在因风力弱、发电站的能力不足时，用储存的压缩空气来推动发电机发电。

2008年压缩空气蓄能发电站的可行性研究报告已经完成，计划在2012年将这套示范设备建成并投入使用。美国也宣称将在2009年开始建造达拉斯风力蓄能发电站。

明轮船模型

曾在历史的一瞬间展露芳容的明轮船，早已在人们的视线中消失，可明轮船的样子却永远被人们所铭记。下面我们就动手做一个橡皮筋动力明轮船模型，来再现当年大名鼎鼎的明轮船。

准　备

泡沫板、吸管、吹塑纸、橡皮筋、剪刀、白胶、美工刀、笔

制作过程

①在吹塑纸上画出船体形状，用美工刀刻下这个图样。

②在泡沫板上也同样刻出这个船体形状。

③将吸管弯折并粘贴成门字形，再粘贴在船体上。

④做一个圆柱形的转轮芯，然后在四周等距离的刻画出5个小槽，在

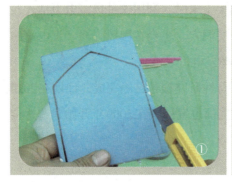

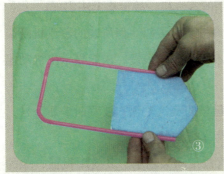

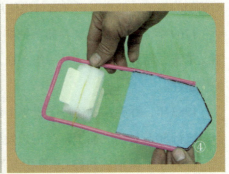

每个小槽内粘上一个明轮桨片。把橡皮筋套在明轮上，然后套在船体的门字形架上。

⑤明轮船做好了，放到水盆里就可以让它航行了。

相关链接

◎ 轮船的发展史

"轮船"一词始于我国唐代，它的出现与船的动力改革有关。不用风帆而用蒸汽轮机做前进动力的船叫蒸汽船。蒸汽船使用的燃料是煤，蒸汽船外面有一个大轮子，所以也叫"轮船"。

公元782—785年，杭州知府李皋在船的舷侧或舰部装上带有桨叶的桨轮，靠人力踩动桨轮轴，使轮轴上的桨叶拨水推动船体前进。在19世纪以前，船舶主要靠人工摇橹和风帆推进的。

1690年，法国的德尼·巴班提出用蒸汽机做动力推动船舶的想法，但当时还没有可供使用的蒸汽机，故设想无法实现。

1769年，法国发明家乔弗莱把蒸汽机装上了船。但所装的蒸汽机既简陋又笨重，而且带动的又是一组普通木桨，航速很慢，未能显示出机动船的优越性。

1783年，乔弗莱又建造了世界上最早的蒸汽轮船"波罗斯卡菲"号，但是航行30分钟后，船上蒸汽锅炉发生了爆炸。

1790年，美国的约翰·菲奇用蒸汽机带动桨划水，其效率极低，他的发明没有受到人们的重视。

1802年，英国人威廉·西明顿采用瓦特改进的蒸汽机制造了世界上第一艘蒸汽动力明轮船"夏洛蒂·邓达斯"号，在苏格兰的福斯克莱德运河下水，试航成功。这是一艘30英尺长的木壳船，船中央装有威廉·西明顿设计的蒸汽机，推动一个尾部明轮。轮船的出现对拖船业主们是一个打击，他们以蒸汽轮船产生较大的波浪为由，拼命反对。第一艘蒸汽轮船就这样被扼杀在摇篮里。

美国的约翰·史蒂芬森于1804年建成世界上最早有螺旋桨的轮船。由于推动螺旋桨的蒸汽机转速太低，所以他当时认为推进器还是轮桨较好。1807年，他建造了带轮桨的"菲尼克斯号"轮船。"菲尼克斯号"从纽约沿海驶向费城进行试航，途中遇到风暴。但经过13天的航行还是平安地到达费城，这是世界上轮船首次在海上航行。

被人们称为"轮船之父"的罗伯特·富尔顿是美国机械工程师。1807年7月他设计出排水量为100吨、长45.72米、宽9.14米的汽轮船"克莱蒙特"号，船的动力是由72马力的瓦特蒸汽机带动桨轮运动。8月17日，载有40名乘客的"克莱蒙特号"从纽约出发，沿着哈德逊河逆水而上，31小时后，驶进240公里以外的奥尔巴尼港，平均时速7.74公里，从此揭开了轮船时代的帷幕。此后它在哈德逊河上定期航行，成为世界上第一艘蒸汽轮船，奠定了轮船不容撼动的地位。

1829年，奥地利人约瑟夫·莱塞尔发明了可实用的船舶螺旋桨，克服了明轮推进效率低、易受风浪损坏的缺点。此后，螺旋桨推进器逐渐取代了明轮。

蒸汽机船发明后，以蒸汽机为动力代替人力桨轮，沿用了100多年之久。

用明轮驱动的最大船只是1855年的"大东方"号，长200多米，可惜经营不善，没什么乘客。

1884年，英国发明家帕森斯设计出了以燃油为燃料的汽轮机。此后，汽轮机成为轮船的主要动力装置。

轮船的发明和不断改进，使水上运输发生了革命性的变化。第二次世界大战之后，世界海运量平均每10年翻一番。据统计，2004年世界海上货运量达到了654 200万吨。

水平轴风车模型

　　风车是我们常见的玩具，它具有久远的历史。各式各样的风车是早期庙会中特别吸引人的一道靓丽风景，现在让我们来做一个吧！

准　备

　　彩色纸、木条、笔、剪刀、大头针

制作过程

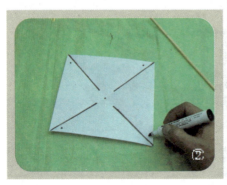

　　①把一张长方形纸裁成正方形，尺寸视风车的大小而定。

　　②画出对角线，并在正方形纸中间根据对角线画出一个小正方形。

　　③用剪刀沿着对角线从正方形

的各个顶角向中心剪去，一直剪到内部小正方形的顶点。

④把每个沿线剪开所形成三角形的其中一个角折向中心，这时这几个角都累叠在一起了。

⑤用小纸片做出两个挡片，将大头针在两个挡片中间穿入。

⑥把大头针、挡片穿入风车中心点。

⑦把风车钉到木条上，小风车就做好了。

相关链接

◎ 风车

风车也叫风力机，是一种不需要燃料而以风作为能源的动力机械。古代的风车，是从船帆发展起来的，它具有6~8副像船帆那样的翼，分布在一根垂直轴的四周，风吹时翼会绕轴转动。这种风车因效率较低，已逐步被具有水平转动轴的木质布翼风车和其他种类风车取代，如"立式风车""自动旋翼风车"等。

两千多年前，中国、巴比伦、波斯等国就已利用古老的风车提水灌溉、碾磨谷物。12世纪以后，风车在欧洲迅速发展，通过风车利用风能提水、供暖、制冷、航运、发电等。

近代风车主要用于发电，丹麦人在19世纪末开始应用，20世纪经过不断改进，风车应用已趋于成熟。

◎ 荷兰风车

荷兰被誉为"风车之国"，风车是荷兰的象征。荷兰坐落在地球的盛行西风带，一年四季盛吹西风。同时它濒临大西洋，又是典型的海洋性气候国家，海陆风长年不息。这就给缺乏水力、动力资源的荷兰提供了利用风力的优厚补偿。

　　荷兰风车，最大的有好几层楼高，风翼长达20米，有的风车由整块大柞木做成。18世纪末，荷兰全国的风车约有12 000架，每台拥有6000匹马力。这些风车用来碾谷物、粗盐、烟叶、榨油、压滚毛呢、毛毡、造纸，以及排除沼泽地的积水。

　　1997年根据文化遗产遴选标准，荷兰的风车被列入了《世界遗产目录》，并评价荷兰的风车"足以证明了技术的成功"。

　　荷兰人很喜爱他们的风车，在民歌和谚语中常常赞美风车。风车的建筑物，总是尽量被打扮得漂漂亮亮的。每逢盛大节日，人们在风车上围上花环、悬挂国旗和硬纸板做的太阳和星星。

◎ 世界安装最高的水平轴风力发电机

2008年4月，在巴林王国麦纳麦市中心的中央商务区，巴林世贸中心迎着阿拉伯湾海风，像风塔式的两座高240米的建筑拔地而起。更令人瞩目的是，在这240米高的建筑之间安装了3台水平轴发电风车，使世贸中心成为世界上首先为自身持续提供可再生能源的摩天大楼。这3台发电风车每年约能提供1200兆瓦时（120万度）的电力，相当于300个家庭的用电量。风力发电机在160米的高空放置在两栋塔楼之间，堪称风电史上的世界第一。

每台风力发电机的设计都是最佳发电状态，在风速15～20米/秒时，约为225千瓦。风机转子的直径为29米，是用50层玻璃纤维制成的。风机能承受的最大风速是每秒80米，能经受风速每秒69米的4级飓风。

这3台风力发电机发出的电力相当于巴林世贸中心所需能量的11%～15%，每年可减少55吨的碳排放。

竹蜻蜓模型

蜻蜓是夏秋季节经常见到的昆虫，他们的飞行姿态很特殊。古代的人在对蜻蜓飞翔的观察中受到启示，制成了会飞的竹蜻蜓，我们也可以制作一个这样的玩具。

准 备

轻质木片、小竹棒、美工刀、白胶、手工锯、直尺、锥子

制作过程

①用直尺测量出木片的中心点，并用笔在中心点做上记号，然后在中心点两边约1厘米处画一条线（木片的前后面都要画）。

②用美工刀从中心直线开始向边缘削成斜面，按同样的方法把木片的

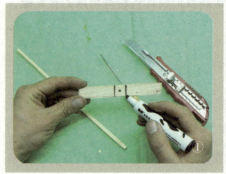

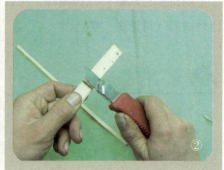

另一面从中线向边缘削成斜面。

③用锥子在中心点钻一个和准备的小竹棒外径大小相应的小孔，然后把小竹棒插进小孔，用白胶固定。

④搓动竹蜻蜓下端的竹棒进行试飞，观察竹蜻蜓的飞行状态然后再进行调整。

柯博士告诉你

竹蜻蜓构造十分简单，但却蕴含着深刻的飞行原理。当竹蜻蜓的翼片在空气中旋转时，形成一股向下的气流，从而产生一个向上的升力，当升力大于竹蜻蜓的重量时，竹蜻蜓便上升了。竹蜻蜓的翼片旋转得越快，向上的升力也就越大。

明白了竹蜻蜓的飞行原理，可以帮助我们设计各种有创意的竹蜻蜓，让竹蜻蜓飞得更高、更远。

相关链接

◎ 古老的竹蜻蜓玩具

竹蜻蜓是中国一种古老的玩具，其外形是一片呈翼形的竹片，中间有一个小孔，插一根笔直的竹棍儿，用两手搓转这根竹棍儿，竹蜻蜓便会旋转，飞向天空，当升力弱时才落到地面。

在我国晋朝（公元265年—420年）葛洪所著的《抱朴子》中有这样的记载："或用枣心木为飞车，以牛革结环剑，以引其机。或存念作五蛇六龙三牛、交罡而乘之，上升四十里，名为太清。太清之中，其气甚罡，能胜人也。"

这里所提的"飞车"被一些人认为是关于竹蜻蜓的最早记载。这一古老的玩具，流传至今已有2500多年的历史。

这种玩具的发明源于我国古代人对大自然中蜻蜓飞翔的观察受到的启示。

公元17世纪，苏州的巧匠徐正明整天琢磨小孩玩的竹蜻蜓，想制造一个类似蜻蜓的直升机，并且想把人也带上天空。经过十多年的研究，他真的造出了一架直升机。它有一个竹蜻蜓一样的螺旋桨，驾驶座像一把圈椅，依靠脚踏板通过转动机构来带动螺旋桨转动，试飞时，它居然飞离地面一尺多高，还飞过一条小河沟，然后才落了下来。

这种玩具的科学性和趣味性吸引了来华的贸易人员，并很快传到了欧洲。在欧洲一幅1463年的圣母圣子像中就出现了竹蜻蜓的形象。这种玩具

很快在世界产生了广泛的影响。

　　世界上第一架飞机的发明人莱特兄弟，他们小的时候，父亲给他们买了一个能飞的竹蜻蜓，兄弟俩十分喜欢，并开始仿制不同尺寸的竹蜻蜓。从此，兄弟俩的一生与飞行结下了不解之缘。

　　被誉为"航空之父"的英国人乔治·凯利一生都对竹蜻蜓着迷。他的第一项航空研究就是仿制和改造"竹蜻蜓"，并由此悟出螺旋桨的一些工作原理。他的研究推动了飞机的研制进程，并为西方的设计师带来了研制直升机的灵感。

纸杯小电机模型

电机在我们的生产生活中很常见，可我们对它的内部构造和运行原理却是陌生的。下面我们就自己动手制作一个小电机来了解一下电机的构造和原理。

 **准 备**

漆包线、回形针、圆盘形磁铁、塑料环、纸杯、胶带、电池与电池盒、圆柱形物体、尖嘴钳、美工刀

制作过程

①用尖嘴钳将两支回形针分别弯成线圈支架。

②将弯好的两支回形针分别放置在杯底边缘两侧的相对位置，调整两支回形针的高度，使放置线圈时，线圈能自由转动并且尽量靠近磁铁，然

后用胶带将回形针固定在纸杯上。

③把圆形磁铁放置在倒置的杯底上。

④将漆包线紧密地在圆柱形物体上绕10圈左右，成一线圈，线圈两端留下约5厘米的引线，然后以两端引线分别在线圈圆周的相对位置缠绕线圈数次，将线圈固定而不散开。

⑤用美工刀刮除线圈两端引线外部的绝缘漆：其中一端引

线外部的绝缘漆必须全部刮除，另一端引线只刮除与线圈面垂直方向上的半圈绝缘漆。

⑥将线圈架在回形针上，调整引线并使两条引线成一条直线且保持水平。

⑦接通电池盒与支架，小电机就转动了。

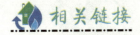

柯博士告诉你

这是一个直流电机演示装置。当通电后，线圈中通过了电流，而线圈下部有一个圆形磁铁，通电线圈在圆形磁铁形成的磁场内，小电机就会转动起来。

相关链接

◎ 电机在家用电器中的应用

在现代家用电器中，各种电机的应用十分广泛，随着科技发展和生活水平的提高，人们对现代家用电器中电机的要求不断提高，更新换代也很快。

家电用电机主要是小功率电机。凡家庭中有转动件的，都是由电机来驱动的，绝大部分为中小功率电机，如空调用的室内机中的风扇电机、室外机的风扇电机、压缩机、室内机转叶电机等。家用电器性能与所匹配的小功率电机有着直接的关系，电机的效率、功率因数、调速范围及噪声直接与家用

电器的节能环保有着密切的关系。

　　家电用电机品种多、用途广，由于小电机在家用电器中使用场合不一致，各种家用电器对小电机的使用要求也不尽相同，因而形成了各种结构不一、性能各异的电机。

　　对家用电器来说，国际上按用途分类，可将家用电器分为12个大类。分别是：清洁类器具、美容类器具、保健类器具、声像类器具、照明类器具、空调类器具、取暖类器具、厨房类器具、冷冻类器具、保安类器具、办公类器具、其他类器具。

　　这种分类方法几乎通用于所有的家用电器产品。以上12类家用电器中除照明类器具、取暖类器具和部分保安类器具产品，直接将电能转换成光能或热能，而不需要将电能转化成机械能供人们使用的家用电器外，其他一般都要运用到小电机，通过电机提供动力和信号，实现电能的能量转换。

例如，压缩式电冰箱是家用最常见的电器，制冷原理与空调基本相同，电机主要用在压缩机、蒸发器和化霜控制等部分。又如，波轮式双桶洗衣机用电机，双桶洗衣机有洗涤桶和脱水桶。洗涤桶用单相电容运转电动机做动力,通过皮带减速带动波轮旋转且频繁正反转动洗涤衣服。洗涤定时器和脱水定时器常用机械式、电子式或电动式三种，对电动式定时器，采用单相永磁同步电动机或单相罩极异步电动机做动力源。

再如，无论是台扇、吊扇、换气扇、转页扇等电风扇都是靠电机驱动风叶旋转，使空气加速流动，以改善人体与周围空气热交换条件，起到通风凉爽目的的电器。

还有微波炉、电脑、打印机、搅拌器、吸尘器等等都必须有数量不等、各式各样的电机。

电动小游艇模型

　　游艇模型是一种简单的航海模型，材料易得、制作容易，在小水池里就可以航行，也可以用作比赛活动。

 准　备

　　小电动机、电池、电池盒、易拉罐铝皮、 废圆珠笔芯、泡沫板、螺钉螺母、 导线、美工刀、剪刀、白胶、笔

制作过程

　　①取一块大小适当的泡沫板，用笔画出船形，并用美工刀切削成形。
　　②用美工刀刻出电机舱。
　　③用美工刀修整船体外形。
　　④用易拉罐的铝皮剪一个螺旋桨。

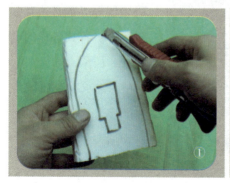

① ②

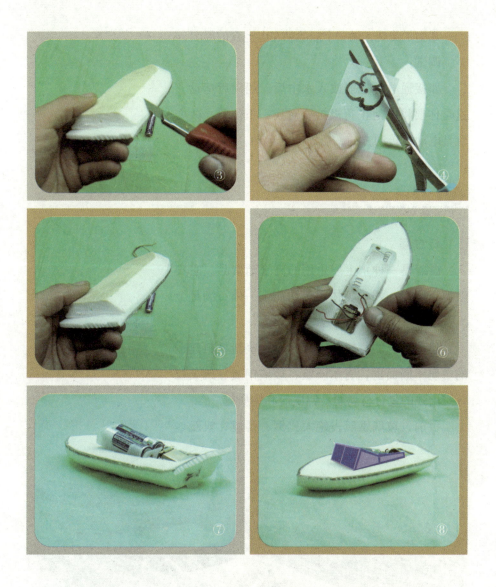

⑤在船体上的电机槽内向下钻一个小孔，用白胶把电机轴套粘在小孔内，然后把小电机安装进船体的电机舱内，使电机长轴从轴套管内穿过，露在船体外部。

⑥把电池盒放进电池槽内，用胶粘牢，再接通电池盒和电机的导线。

⑦装上电池，电动小游艇模型就做好了。

⑧为了美观，做一个船舱粘在电池盒的周围。

调试：

如接通电源把船放入水中后，船向后运动，这时你要将电池正负极接线对换一下位置，改变玩具电动机转动方向，船即向前运动。

 相关链接

◎ 游艇

游艇是一种水上娱乐用的高级消费品。它集航海、运动、娱乐、休闲等功能于一体，满足个人及家庭享受生活的需要。

建造游艇的材料日新月异，一些新材料建造的游艇不断面世，有木质艇、玻璃钢艇、凯芙拉纤维增强的复合材料艇、铝质艇和钢质艇。

目前，玻璃钢艇占绝大比例；赛艇、帆艇、

豪华艇使用凯芙拉纤维增强材料的较多；铝质艇在舷外挂机艇和大型豪华游艇中占一定比例；钢质艇在35米以上远洋大型豪华游艇中占比例较多。

在发达国家，游艇像轿车一样多为私人拥有，而在发展中国家，游艇多作为公园、旅游景点的经营项目供人们消费。游艇种类繁多，按型号分为小型、中型、大型；按功能分，有休闲艇、商务交际艇、赛艇、钓鱼艇。游艇的动力来源也是多种多样，有无动力艇、帆艇、机动艇等，帆艇又分为无辅助动力帆艇和辅助动力帆艇，机动艇又分为舷外挂机艇、艇内装机艇，艇内装机艇还可分为小汽艇和豪华艇两个档次。

游艇的功能也不一样。有的游艇是运动型游艇，运动型游艇大都为小型游艇，也可称为快艇，此类游艇一般都以竞速为主。

大型游艇内装潢十分高档豪华，更注重在通讯设备、会议设备、办公设备上的配套安装，充分体现出现代企业办公的需要。

还有高档豪华游艇、家庭型豪华游艇、中档普通游艇及廉价游艇。高档豪华游艇，艇长在35米以上，艇上装备有最现代化的通讯和导航等系统，舱室内配有高级建材和装饰，如柚木、皮革、镀金小五金件、不锈钢扶手、高级地毯、高档家具、现代化的电气设备等设施，从里到外显示出豪华的气氛。这种游艇不仅供家族成员享乐，而且是艇主从事商务、处理日常工作及社交活动的理想场所。豪华游艇的价格不菲，一般都在数百万美元上下不等，有的甚至高达上千万美元。

◎ 船用螺旋桨的发展

1752年，瑞士物理学家第一次提出了螺旋桨比在它以前存在的各种推进器优越的报告，其设计了具有双导程螺旋的推进器，安装在船尾舵的前方。1764年，瑞士数学家欧拉研究了能代替帆的其他推进器，如桨轮（明轮）。

潜水器和潜艇在水面下活动，传统的桨、帆无法应用，笨重庞大的明轮也难适应。于是第一个手动螺旋桨，不是用在船上，而是作为潜水器的推进工具。

蒸汽机问世，为船舶推进器提供了新的良好动力，推进器顺应蒸汽机的发展，成为船舶推进的最新课题。

第一个试验动力驱动螺旋桨的是美国人斯蒂芬，他在1804年建造了一艘7.6米长的小船，用蒸汽机直接驱动，在哈得逊河上做第一次实验航行，实验中发现发动机不行，于是换上瓦特蒸汽机，实验航速是4节，最高航速曾达到8节。

斯蒂芬螺旋桨有4个风车式

桨叶，它是锻制而成，和普通风车比较它增加了叶片的径向宽度，为在实验中能实现螺距与转速的较好配合，桨叶做成螺距可以调节的结构。

在哈得逊河上两个星期的试验航行中，螺旋桨改变了几个螺距值，但是实验的结果都不理想，性能远不及明轮。这次实验使他明白，在蒸汽机这样低速的条件下，明轮的优越性得到了充分发挥，它的推进效率高于螺旋桨是必然的结果。

1843年，美国海军建造了第一艘螺旋桨船"浦林西登"号，它是由舰长爱列松设计，在爱列松的积极推广下，美国相继建造了41艘民用螺旋桨船，最大的排水量达2000吨。

尽管英、美等国取得了一些成功，但是螺旋桨用作船舶推进器还有很多问题，如在木壳船上可怕的振动，在水线下的螺旋桨轴轴承磨损，桨轴密封，推力轴承等问题。

随着技术的进步，螺旋桨的上述缺陷，一个一个地被克服，以及蒸汽机转速的提高，愈来愈多螺旋桨在船上取代了明轮。到1858年，"大东方"号装有当时世界上最大的螺旋桨，它的直径有7.3米，重量达36吨，转速每分种50转，当时，推进器标准不再具有权威性，由于螺旋桨的

推进效率接近明轮，而且它具有许多明轮无法竞争的优点，明轮逐步在海船上消失了。

在科学技术发展过程中，许多机械装置的性能在人们还不太清楚的时候，就已经广泛使用了。但是人们在不完全理解它的物理规律和没有完整的理论分析以前，这些装置很难达到它的最佳性能，螺旋桨也不例外。直到1860年，虽然它在海船上已经成为一枝独秀，但是它的成功全都是依靠多年积累的经验。螺旋桨的进步，只依靠专家们的直观推理，已经不能满足船舶技术的发展需要，它有待科学家对其流体动力特性做出完整的解释，这就促进了螺旋桨理论的发展。

螺旋桨的理论研究，在船舶技术发展过程中，比任何一个专业领域都做得多，从经验方法过渡到数字化设计，再到应用计算机技术进行螺旋桨最佳化的设计。一个好的螺旋桨，其设计是非常重要的，模型试验也起着重要的作用。

动力仿生小船模型

使船舶前进的其中一种方式定利用桨或帆推动，并且大多都是用人工摇桨、动力螺旋桨或是风帆推动船前进。这里我们制作一种像鱼摆尾的仿生桨，用另外的一种方式推动小船模型前进，借此体会仿生学的应用。

 准 备

泡沫板、铁丝、马口铁片、强力胶、铅笔、钳子、橡皮筋、锥子

制作过程

①用马口铁片剪成长条，折成摇柄支架，并在靠上的中间部位钻两个小孔，使这两个小孔在一条水平的直线上。

②把铁丝插进这两个小孔，一端弯折出曲柄，一端弯折出一个弯钩。

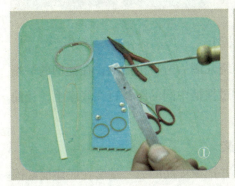

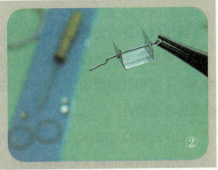

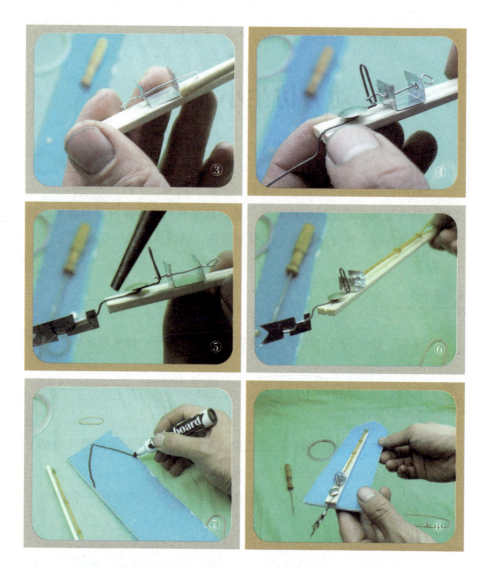

③用强力胶把支架粘合在机械底板上。

④用另一段铁丝在圆珠笔芯上缠绕几圈后弯折出摇柄，在摇柄的一端弯出一个方形框的滑动槽，用图钉穿过摇柄中间的圈，钉在底座上，让曲柄插进滑动槽内。

⑤在摇柄的尾部粘上摇动的摆尾桨。

⑥在曲柄前的钩上安装橡皮筋，并把橡皮筋的另一端套在底座前端固

定的螺钉上。

⑦在泡沫板上画出船的图样，并用美工刀切出船体。

⑧把动力机械底板粘在船体上，一艘仿生小船就做成了。

柯博士告诉你

这是一个以橡皮筋储能为动力的小船，它的前进形式是模仿鱼的摆尾动作推进小船前进。

这套使船前进的动力机构由橡皮筋、曲轴、摇柄组成。

当在橡皮筋固定螺丝上摘下橡皮筋，并用手摇钻或将铁钉插进橡筋套内绕紧橡皮筋后，再把橡皮筋挂上固定螺丝，橡皮筋就被绞紧而储存了能量。当松开手时，橡皮筋储存的能量开始释放，橡皮筋使曲轴在滑动槽内转动，由于曲柄的转动推动滑动槽左右摆动，从而带动摆尾桨左右摆动推进小船前进。这种摆尾桨推进的方式好像鱼在水中游的方式。

相关链接

◎ 昆虫在仿生学中的贡献

自然界遍布形形色色的昆虫，许多昆虫的本领，给了人类许多启示，人类模仿这些本领，发明出许许多多的神奇机器。苍蝇是细菌的传播者，谁都讨厌它，可是苍蝇的楫翅（又叫平衡棒）是"天然导航仪"，人们模仿它制成了"振动陀螺仪"。

这种仪器目前已经应用在火箭和高速飞机上，实现了自动驾驶。苍蝇的眼睛是一种"复眼"，由3000多只小眼组成，人们模仿它制成了"蝇眼透镜"。"蝇眼透镜"是由几百或者几千块小透镜整齐排列组合而成的，用它做镜头可以制成"蝇眼照相机"，一次就能照出千百张相同的相片。这种照相机已经用于印刷制版和大量复制电子计算机的微小电路，大大提高了工效和质量。"蝇眼透镜"是一种新型光学元件，它的用途很多。

蝴蝶，它虽然美丽诱人，但大多数是害虫，在装点自然美景的同时，它的幼虫也给我们带来许多烦恼。

在二战期间，德军包围了列宁格勒，企图用轰炸机摧毁其军事目标和其他防御设施。前苏联昆虫学家施万维奇，根据当时人们对伪装缺乏认识的情况，提出可以利用蝴蝶的色彩在花丛中不易被发现的特点，将军事设施上覆盖了蝴蝶花纹般的伪装。因此，尽管德军费尽心机，但列宁格勒的军事基地仍安然无恙，为赢得最后的胜利奠定了坚实的基础。根据同样的原理，人们还生产出了迷彩服，大大减少了战斗中的人员伤亡。

人造卫星在太空中由于位置的不断变化会引起温度骤然变化，有时温差可高达两三百度，严重影响许多仪器的正常工作。

科学家们受到蝴蝶身上的鳞片会随阳光的照射方向自动变换角度而调节体温的启发，将人造卫星的控温系统制成了叶片正反两面辐射、散热能力相差很大的百叶窗样式，在每扇窗的转动位置安装有对温度敏感的金属丝，随温度变化可调节窗的开合，从而保持了人造卫星内部温度的恒定，解决了航天事业中的一大难题。

萤火虫可将化学能直接转变成光能，且转化效率达100%，而普通电灯的发光效率只有6%。人们模仿萤火虫的发光原理制成的冷光源可将发光效率提高十几倍，大大节约了能量。

蜻蜓通过翅膀振动可产生不同于周围大气的局部不稳定气流，利用气流产生的涡流来使自己上升。蜻蜓能在很小的推力下翱翔，不但可向前飞行，还能向后和左右两侧飞行，其向前飞行速度可达每小时72公里。此外，蜻蜓的飞行行为简单，仅靠两对翅膀不停地拍打。科学家据此结构基础研制成功了直升机。飞机在高速飞行时，常会引起剧烈振动，甚至有时会折断机翼而引起飞机失事。蜻蜓依靠加重的翅膀在高速飞行时仍可安然无恙，于是人们仿效蜻蜓在飞机的两翼加上

了平衡重锤，解决了因高速飞行而引起振动的这个令人棘手的问题。

蜂类的蜂巢由一个个排列整齐的六棱柱形小蜂房组成，每个小蜂房的底部由三个相同的菱形组成，这些结构与近代数学家精确计算出来的——菱形钝角109° 28′、锐角70° 32′完全相同，是最节省材料的天然结构，这种结构容量大、极其坚固，令许多专家赞叹不已。人们模仿其构造，用各种材料制成蜂巢式夹层结构板，强度大、重量轻、不易传导声和热，是建筑及制造航天飞机、宇宙飞船、人造卫星等的理想材料。

蜜蜂复眼的每个单眼中相邻地排列着对偏振光方向十分敏感的偏振片，可利用太阳准确定位。科学家据此原理研制成功了偏振光导航仪，广泛用于航海事业中。

太阳能电池船模型

绿色能源——太阳能在生活中被广泛开发使用，小小的太阳能电池板也被用来做船模动力，做一个太阳能电池船模型，来体会太阳能给我们带来的乐趣吧。

准 备

泡沫板、太阳能电池、小电机、塑料板、导线、美工刀、剪刀、白胶

制作过程

①在泡沫板上画出船体，并用刀切下来。

②在船体上刻出电机安装槽，并把电机安装、固定在电机槽内。

③在塑料板上画出螺旋桨，并剪下来。

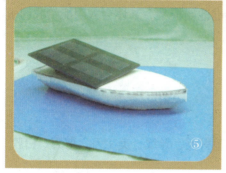

④将螺旋桨加热后，把每个叶片弯折成相同角度，然后安装在电机轴上。

⑤安装电池板，接通电池板和电机的导线。太阳能电池船模型就做好了。

相关链接

◎ 绿色环保的太阳能船

太阳能船是一种以太阳能为动力的新型船舶，这种船上布满了太阳能电池板，可以把太阳能转换成电能用以供应船上的电机，使电机带动螺旋桨，推动船只前进。

为了不断提高太阳能船的效能，举办太阳能船的比赛是一个很好的办法。

在荷兰，有弗里西亚太阳能船挑战赛。规则再简单不过了，参赛的船必须使用太阳能，而不能采用任何其他形式的动力。参赛者分成三个级别，A级为单人驾驶；B级为双人驾驶（A、B级都必须使用组织者提供的标准太阳能集热板）；C级则是"完全开放"，不限人数驾驶，也允许使用自备的太阳能电池板。

太阳能船起初是作为游船使用的，一些城市的江、河、湖、水面上首先出现了太阳能船，这些船对于保护城市的水面不受污染有很重要的意义，因此受到公众的欢迎。随着科技的进步，太阳能的光电转换率在不断提高，更大功率的太阳能船也已研制成功。

世界最大的太阳能动力船在德国基尔亮相，这艘船被命名为"星球太阳能号"、"星球太阳能号"是一艘双体船，长度达31米，宽15米，航行时宁静而干净。

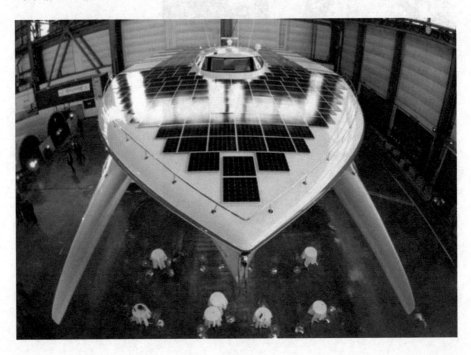

该船排水量为60吨,其最快速度可达每小时15海里,相当于时速25公里,可载50人。船的上方设有面积达500平方米的太阳能板,围绕着中间凸起的驾驶舱。

"星球太阳能号"在2010年3月底下水,5月到汉堡参加该市港口的建港821周年纪念庆祝活动,然后在6月至9月间展开测试,于2011年展开完全依靠太阳能驱动的环球航行探险。